配电网工程标准施工工艺图册

10kV电缆

国家电网有限公司设备管理部　组编

中国电力出版社
CHINA ELECTRIC POWER PRESS

内 容 提 要

国家电网有限公司设备管理部以《国家电网公司配电网工程典型设计》为核心依据，编写了《配电网工程标准施工工艺图册》丛书，包括《配电站房》《配电台区及低压线路》《10kV 电缆》《10kV 架空线路》四个分册。丛书对配电网工程施工的关键节点进行了详细描述，并针对近年常见的典型质量问题，明确了标准工艺要点。

本书是《10kV 电缆》分册，共 8 章，主要内容包括排管施工，非开挖拉管施工，电缆井、沟施工，电缆土建预制构件安装，电缆敷设，10kV 电缆终端头制作，10kV 电缆中间接头制作和电缆路径标识、警示带。

本丛书可供配电网工程建设、施工、设计、监理单位技术人员和管理人员岗前培训学习，还可指导配电网工程设计、施工、质量检查、竣工验收等各个环节。

图书在版编目（CIP）数据

配电网工程标准施工工艺图册. 10kV 电缆 / 国家电网有限公司设备管理部组编. —北京：中国电力出版社，2023.12

ISBN 978-7-5198-8481-9

Ⅰ. ①配…　Ⅱ. ①国…　Ⅲ. ①配电线路–电力电缆–工程施工–图集　Ⅳ. ①TM726-64

中国国家版本馆 CIP 数据核字（2023）第 240586 号

出版发行：中国电力出版社
地　　址：北京市东城区北京站西街 19 号（邮政编码 100005）
网　　址：http://www.cepp.sgcc.com.cn
责任编辑：肖　敏　邓慧都
责任校对：黄　蓓　常燕昆
装帧设计：张俊霞
责任印制：石　雷

印　　刷：三河市万龙印装有限公司
版　　次：2023 年 12 月第一版
印　　次：2023 年 12 月北京第一次印刷
开　　本：787 毫米×1092 毫米　16 开本
印　　张：8
字　　数：131 千字
印　　数：0001—6000 册
定　　价：60.00 元

《配电网工程标准施工工艺图册》

《10kV 电缆》

主　编　宁　昕

副主编　王庆杰　苏毅方　韩　旭

参　编　宋　璐　嵇伟东　崔佳嘉　张　彬　王任杰
　　　　魏亚军　王　凯　汪晓琴　马　力　杨智海
　　　　刘　斌　成　杰　周　帅　葛　骁　李雨臻
　　　　张　彬　田富瑞　李　强　张鹏程　付靖磊
　　　　王鹏飞　杨露露　颜景娴　王志勇　段晓芳
　　　　喻　婧　黄　佳　马　源　徐春盛　冯　英

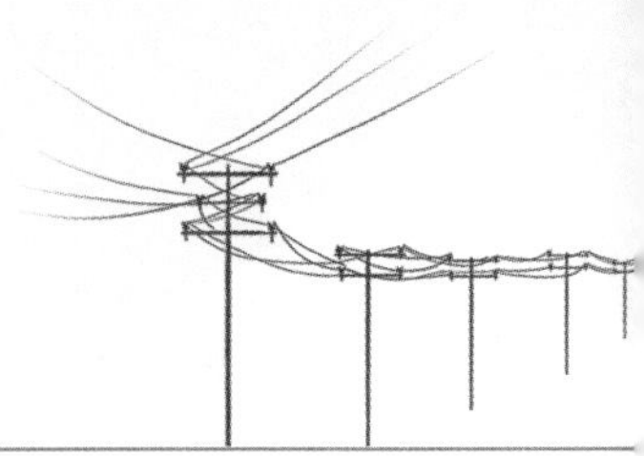

前言

配电网是服务经济社会发展、服务民生的重要基础设施，是供电服务的“最后一公里”，是全面建成具有中国特色国际领先的能源互联网企业的重要基础。随着我国经济社会的不断发展，人民的生活水平日益提高，对配电网供电可靠性和供电质量的要求越来越高。近年来，国家逐步加大配电网建设改造的投入力度，配电网建设改造任务越来越重。

经过 20 多年的城、农网建设和改造，各网省公司总结制定了相应的工艺标准，但因其具有点多面广、地域差别大、参建人员水平参差不齐等特点，配电网工程建设质量和工艺标准不统一，还需进一步规范。

国家电网有限公司设备管理部以《国家电网公司配电网工程典型设计》为核心依据，结合配电网建设与改造实际，编写了《配电网工程标准施工工艺图册》丛书，包括《配电站房》《配电台区及低压线路》《10kV 电缆》《10kV 架空线路》四个分册。丛书大量采用图片，辅以必要的文字说明，对配电网工程施工的关键节点进行了详细描述，并针对近年常见的典型质量问题，明确了标准工艺要点。

本书是《10kV 电缆》分册，共 8 章，主要内容包括排管施工，非开挖拉管施工，电缆井、沟施工，电缆土建预制构件安装，电缆敷设，10kV 电缆终端头制作，10kV 电缆中间接头制作和电缆路径标识、警示带。

本丛书图文并茂、清晰易懂，是配电网工程建设的工艺指导书，可供配电网工程建设、施工、设计、监理单位技术人员和管理人员岗前培训学习，还可指导配电网工程设计、施工、质量检查、竣工验收等各个环节。

本丛书的编写得到了国网山东省电力公司、国网浙江省电力有限公司、国网四川省电力公司、国网宁夏电力有限公司的大力支持和帮助，是推行标准化建设的又一重要成果。希望本丛书的出版和应用，能够进一步提升配电网工程建设质量和水平，为建设现代化配电网奠定坚实基础。

由于编者水平及时间有限，书中难免存在错误和遗漏之处，敬请各位读者予以批评指正！

编　者

2023 年 12 月

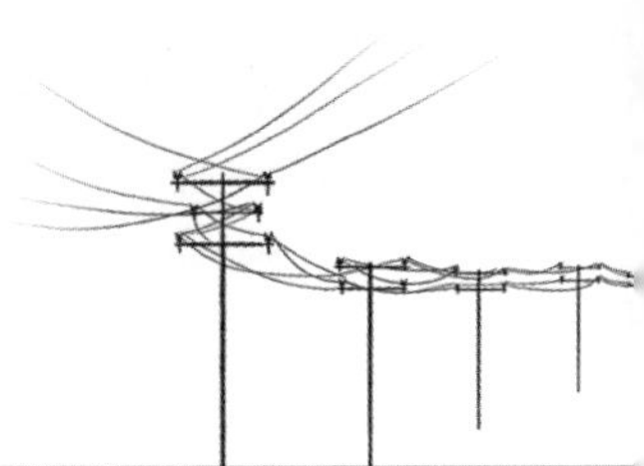

目录

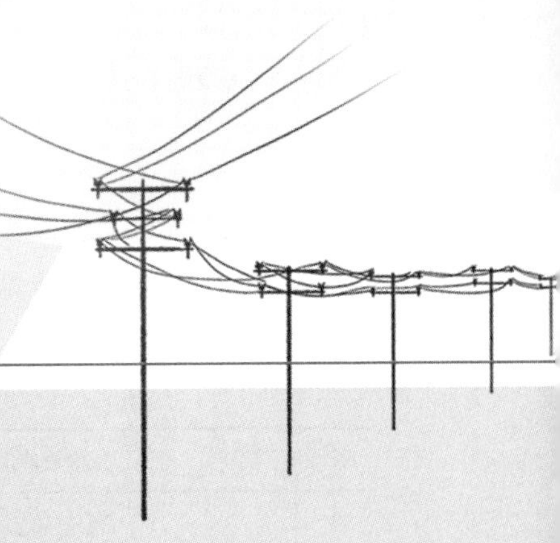

1 排管施工

本章介绍排管施工放线、开挖基坑、垫层浇筑、排管安装、混凝土包封（钢筋绑扎、模板安装、混凝土浇筑）、土方回填等排管施工的施工工艺及关键节点。

1.1 施工放线

（1）基槽开挖前，应根据图纸确定排管的走向，清理现场杂物，采用经纬仪、拉线尺量等方法定出排管基槽开挖基准线，用石灰粉画出开挖路线、范围。

（2）按设计施工图，核对排管准确位置，钉立路径控制桩、标高控制桩。

（3）排管开挖尺寸为设计横断面宽度两边各加 500mm，以方便模板支设及基槽支护等工作。在地面用石灰粉撒线确定开挖线。排管定位放样如图 1－1 所示。

图 1－1 排管定位放样

（4）质量标准。

定位放线质量标准见表 1-1。

表 1-1　　定位放线质量标准

序号	检查项目	质量标准	单位
1	中心线位移偏差	不大于 10	mm
2	标高偏差	0～-10	mm
3	长度、宽度（由设计中心线向两边量）偏差	0～100	mm

1.2 开挖基槽

（1）土方开挖应遵循“开槽支撑、先撑后挖、分层开挖、严禁超挖”的原则。

（2）基槽开挖应采用机械开挖，槽底设计标高以上 200～300mm 应用人工修整，防止超挖或扰动地基。

（3）基槽开挖应采取防积水措施，基槽两侧设排水沟及集水坑，将积水排出，以防止沟壁坍塌，排水沟的坡度不应小于 0.5%；集水坑尺寸应满足排水方式、排水泵放置要求。

（4）基槽开挖一般采用放坡开挖方式，特殊情况下，应采取基槽临时支护措施如：横列板支护、钢板桩支护等，具体详见本书“3.2 基坑（槽）支护”内容。

（5）基槽边沿 1m 范围内严禁堆土或堆放设备、材料等，1m 以外的堆载高度不应大于 1.5m。

（6）基槽四周用钢管、安全网围护，设安全警示杆，夜间设警示灯，并安排专人看护。

（7）基槽开挖完成后，应进行“五方（建设、勘察、设计、施工、监理）”验槽，验收合格后方可进行下步施工。

排管基槽开挖效果如图 1-2 所示。

（8）质量标准。

开挖基槽质量标准见表 1-2。

图1-2 基槽开挖完成效果

表1-2 开挖基槽质量标准

序号	检验项目	质量标准	单位
1	基底土性	应符合设计要求	
2	标高	0～-50	mm
3	长度、宽度（由设计中心线向两边量）偏差	0～+100	mm
4	坡率	应符合设计要求	
5	表面平整度	±20	mm

1.3 垫层浇筑

（1）垫层浇筑前应确保垫层下的地基稳定且已夯实、平整。

（2）垫层模板安装必须稳固牢靠，接缝严密，不得漏浆。

（3）根据基槽开挖标高控制桩上的标高控制线，按设计要求向下量出垫层标高，钉好相应垫层控制桩。垫层控制桩如图1-3所示。

（4）垫层混凝土应振捣密实，上表面应平整。振捣方法一般采用平板振动器振捣，振捣时间不宜过长。

（5）混凝土的强度、坍落度应满足GB 50164《混凝土质量控制标准》。

垫层浇筑完成效果如图1-4所示。

图1-3 垫层控制桩

图1-4 垫层浇筑完成效果

（6）质量标准。

混凝土垫层质量标准见表1-3。

表1-3 混凝土垫层质量标准

序号	检验项目	质量标准	单位
1	材料质量	垫层采用的粗骨料，其最大粒径不应大于垫层厚度的2/3，含泥量不应大于3%；砂为中粗砂，其含泥量不应大于3%。陶粒中粒径＜5mm的颗粒含量应＜10%；粉煤灰陶粒中＞15mm的颗粒含量不应大于5%；陶粒中不得混夹杂物或粘土块。陶粒宜选用粉煤灰陶粒、页岩陶粒等	
2	混凝土强度及试件留置	应符合设计要求，陶粒混凝土的密度应在800～1400kg/m^3	
3	混凝土配合比及其开盘鉴定	施工配合比应符合GB 50204的规定，首次使用的混凝土配合比应进行开盘鉴定	

续表

序号	检验项目	质量标准	单位
4	养护	按施工技术方案和 GB 50204 的规定执行	
5	表面平整度	≤10	mm
6	标高偏差	±10	mm
7	坡度偏差	不大于井间距的 2‰，且≤30	mm
8	厚度偏差	在个别地方不大于设计厚度的 1/10，且≤20	mm

1.4 排管安装

（1）排管主要材料根据设计方案选定，进场管材必须检查规格、型号、壁厚，并有出厂合格证及检测报告。

（2）排管安装时，应拉通线找直、找正，保证排管顺直，坡度与设计坡度一致。排管接口应套好胶圈，确保胶圈不卷边、不错位、不滑动，保证排管密封良好，连接牢固。排管胶圈任何情况下不得取消。

（3）管枕宜采用所用管材配套管枕，分层放置，非金属管材间隔不大于 2m，金属管材间隔不大于 3m。

（4）调整管材长短时可采用手锯切割，断面应垂直平整，不应有损坏。

（5）排管与工井连接，应事先计算好管道截断位置和长度，保证承插口的正常使用，被截断端应进入设计井室，管端距井内壁 50mm 较为适宜。井口设置排管定位模板，确保排管位置准确。

排管安装完成效果如图 1－5 所示。

（6）管道疏通器应具有长度和硬度的要求，长度根据管材内径多种规格，不宜小于 600mm，硬度≧35HBa（巴氏硬度）。

（7）排管安装完成应贯穿镀锌铁丝（尼龙绳），便于电缆敷设使用。

（8）管道安装完成后，进行拉棒试通，对不合格接口应及时调整。排管拉棒试通如图 1－6 所示。

图1–5　排管安装完成效果

图1–6　排管拉棒试通

（9）质量标准。

排管安装质量标准见表 1–4。

表1–4　　排管安装质量标准

序号	检查项目	质量标准	单位
1	排管托架间距偏差	≤30	mm
2	排管排距及间距偏差	≤10	mm
3	中心线位置偏差	≤20	mm

续表

序号	检查项目	质量标准	单位
4	标高偏差	0～20	mm
5	外观质量	不应有严重缺陷。对已经出现的严重缺陷，应由施工单位提出技术处理方案，并经监理（建设）、设计单位认可后进行处理。对经处理的部位，应重新检查验收	
6	排管和井的中心偏位	≤30	mm

1.5 混凝土包封

1.5.1 钢筋绑扎

（1）钢筋的绑扎应均匀、可靠。确保在混凝土撮捣时钢筋不会松散、移位。钢筋的交叉点可每隔一根相互成梅花式扎牢，但在周边的交叉点，每处都应绑扎；箍筋转角与钢筋的交叉点均应扎牢。

（2）钢筋的底部和侧部均应安置水泥砂浆垫块，钢筋安好后防止踩踏变形。

（3）用于单芯电缆敷设的排管包封钢筋应在上层钢筋与侧面钢筋间须设置断口，避免形成闭合环路。排管包封上层钢筋与侧面钢筋断开做法如图 1－7 所示。排管包封钢筋绑扎完成效果如图 1－8 所示。

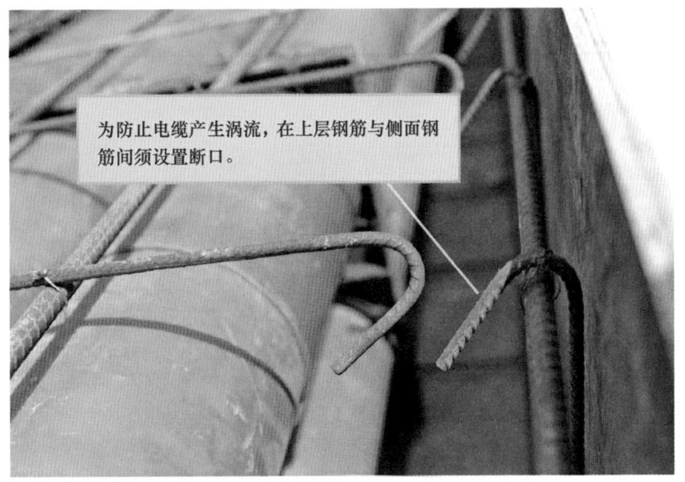

图 1－7　排管包封上层钢筋与侧面钢筋断开做法

图 1–8 排管包封钢筋绑扎完成效果

（4）质量标准。

钢筋安装质量标准见表 1–5。

表 1–5 钢筋安装质量标准

序号	检查项目		质量标准	单位
1	钢筋的规格和数量		必须符合设计要求	
2	钢筋保护层厚度		受力钢筋保护层厚度的合格点率应达到 90%及以上，且不得超过本表数值 1.5 倍的偏差	
3	绑扎钢筋网	长、宽偏差	±10	mm
		网眼尺寸	±20	mm

1.5.2 模板安装

（1）模板安装必须稳固牢靠，接缝严密，不得漏浆。模板与混凝土的接触面必须清理干净并涂刷隔离剂。浇筑混凝土前，模板内的积水和杂物应清理干净。

排管包封模板安装完成效果如图 1–9 所示。

（2）质量标准。

模板安装工程质量标准见表 1–6。

图 1-9 排管包封模板安装完成效果

表 1-6 模板安装工程质量标准

序号	检查项目	质量标准	单位
1	模板板面质量、隔离剂及支撑	模板板面应干净，隔离剂应涂刷均匀。模板间的拼缝应平整、严密，模板支撑应设置正确	
2	模板安装要求	1. 模板的拼接缝处应有防漏浆措施，模板内不应有积水 2. 模板与混凝土的接触面应清理干净并涂刷隔离剂 3. 模板内的杂物应清理干净	
3	顶面标高偏差	0～－10	mm
4	底面坡度偏差	±10%的计坡度	
5	截面尺寸偏差	±15	mm

1.5.3 混凝土浇筑

（1）浇筑前，埋管端口应封堵严实，防止混凝土进入管道。

（2）混凝土应搅拌均匀，并满足 GB 50124《混凝土质量控制标准》要求。

（3）混凝土自由下落高度不大于 2m，如超过 2m 应增设流槽或串筒等措施。

（4）混凝土振捣需密实，在采用插入式振捣时，混凝土浇筑时应注意振捣器的有效振捣深度，振捣时不能碰撞管道接头及定位钢筋、垫块，防止管道移位。混凝土浇筑振捣如图 1－10 所示。

图 1–10 混凝土浇筑振捣

（5）混凝土试块留置：试块应在混凝土浇筑地点随机抽取制作，取样与留置数量应符合 GB 50204《混凝土结构工程施工质量验收规范》的规定。

（6）混凝土初次收面完成后，及时对混凝土暴露面采用塑料薄膜覆盖，减少暴露时间，防止混凝土表面水分蒸发；洒水养护宜在混凝土裸露表面覆盖麻袋或草帘，洒水养护次数以混凝土表面湿润状态为度。排管混凝土养护如图 1－11 所示。

（7）排管拆模时应做好成品保护，不得使混凝土表面和棱角受损。若发现混凝土外观质量缺陷需根据审核通过的修补方案实施修补。排管拆模后成品效果如图 1－12 所示，排管管口防水封堵如图 1－13 所示。

(a) 薄膜养护

图 1–11 排管混凝土养护（一）

(b) 洒水养护

图1-11　排管混凝土养护（二）

图1-12　排管拆模后成品效果

图1-13　排管管口防水封堵

（8）质量标准。

混凝土外观及尺寸偏差质量标准见表 1－7。

表 1－7　　混凝土外观及尺寸偏差质量标准

序号	检查项目	质量标准	单位
1	外观质量	不应有严重缺陷，对已经出现的缺陷，应处理后重新检查验收	
2	尺寸偏差	不应有影响结构性能和设备安装的尺寸偏差。对超过尺寸允许偏差且影响结构性能和安装、使用功能的部位，应由施工单位按技术处理方案进行处理，并重新检查验收	
3	平面外形尺寸偏差	±20	mm
4	上表面平整度	≤8	mm

1.6　土　方　回　填

（1）回填土：宜优先利用基坑中挖出的优质土。回填土内不得含有有机杂质，粒径不应大于 50mm，含水量应符合压实要求。淤泥和淤泥质土不能用作填料。回填土料应全数检查。

（2）回填前应在排管本体上部铺设防止外力损坏的警示带。排管警示带敷设效果如图 1－14 所示。

图 1－14　排管警示带敷设效果

（3）分层夯实回填至地面修复高度。其中，人工夯实分层厚度不应超过 200mm，

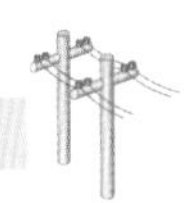

机械夯实分层厚度不应超过 500mm。夯实系数应达到设计要求。

（4）两侧的回填应均匀、同步。

（5）管顶以上 500mm 范围内不得使用压路机压实。土方回填分层夯实如图 1－15 所示。

图 1－15 土方回填分层夯实

（6）质量标准。

土石方回填质量标准见表 1－8。

表 1－8 土石方回填质量标准

序号	检验项目	质量标准	单位
1	基底处理	应符合设计要求和现行国家及行业有关标准的规定	
2	分层压实系数	不小于设计值	
3	标高偏差	0～50	mm
4	回填土料	应符合设计要求	
5	分层厚度	应符合设计要求	
6	含水量	最优含水量±2%	
7	表面平整度	±20	mm
8	有机质含量	≤5	%

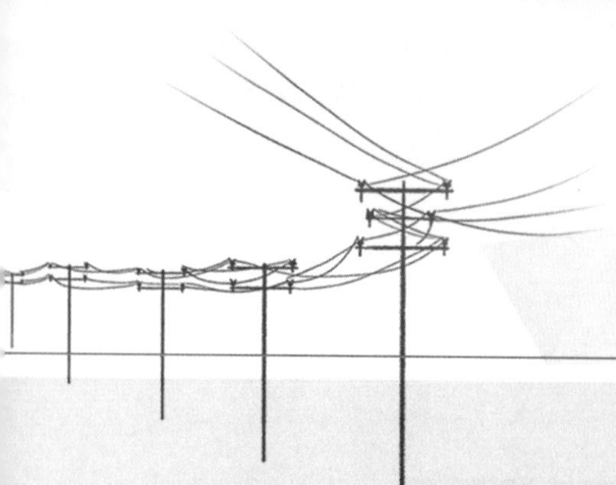

2 非开挖拉管施工

本章介绍非开挖拉管的施工勘察、工作坑制作、钻机就位、管材热熔、导向孔轨迹控制、导向孔钻进、扩孔清孔、回拖管线、封堵及回填等非开挖拉管施工的施工工艺及关键节点。

2.1 施工勘察

（1）根据施工图纸中电缆井位置，确定拉管轨迹方位角。

（2）根据地下管线情况及地质情况，确定拉管轨迹埋深。

（3）复核管道拟穿越地段的土层结构和分布特征、工程地质性质、管线情况及地震设防烈度等，提供土的物理力学性能指标。对可能出现的岩土工程问题采取防治措施。

（4）查明管道拟穿越地段的建筑基础、地下障碍物及各类管线的平面位置和走向、类型名称、埋设深度、材料和尺寸等，包括已建和市政规划要求。

探测地下管线如图 2－1 所示。

图 2－1　探测地下管线

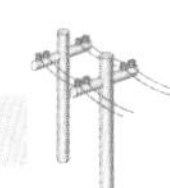

2.2 工作坑制作

（1）根据设备体积及入土点深度确定工作坑位置及大小，根据现场条件确定接收坑位置及大小。

工作坑定位放线如图 2-2 所示，工作坑完成效果如图 2-3 所示。

图 2-2　工作坑定位放线

图 2-3　工作坑完成效果

（2）质量标准。

工作坑质量标准见表 2-1。

表 2-1　　　　　　　　　　工作坑质量标准

<table>
<tr><th>序号</th><th colspan="2">检查项目</th><th>质量标准</th><th>单位</th></tr>
<tr><td>1</td><td colspan="2">坑中心轴线位置</td><td>20</td><td>mm</td></tr>
<tr><td>2</td><td colspan="2">坑底高程</td><td>±20</td><td>mm</td></tr>
<tr><td>3</td><td colspan="2">坑平面净尺寸</td><td>不小于设计要求</td><td></td></tr>
<tr><td rowspan="2">4</td><td rowspan="2">始发、接收坑
预留洞口</td><td>中心位置</td><td>20</td><td>mm</td></tr>
<tr><td>内径尺寸</td><td>±20</td><td>mm</td></tr>
<tr><td rowspan="2">5</td><td rowspan="2">始发、接收坑后靠壁</td><td>垂直度</td><td>0.1%H</td><td></td></tr>
<tr><td>水平扭转度</td><td>0.1%L</td><td></td></tr>
</table>

2.3 钻机就位

（1）钻机就位场地要有足够的空间和足够的承载力，以满足钻机行走和固定位置的需要。必要时要采取相应的加固措施。

（2）设备应安装牢固、稳定，钻机导轨与水平面的夹角符合入土角要求。

（3）钻机系统、动力系统、泥浆系统等调试合格。

（4）导向控制系统安装正确，校核合格，信号稳定。

（5）钻进、导向探测系统的操作人员须经培训合格。

钻机就位如图 2-4 所示。

图 2-4　钻机就位

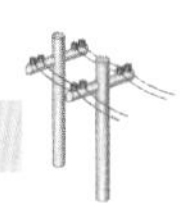

（6）质量标准。

钻机就位标准见表 2－2。

表 2－2　钻机就位质量标准

序号	检查项目		质量标准	单位
1	钻机安装位置	基座（导轨）高程	±3	mm
		轴线位置	3	mm
		倾角	±0.5	°

2.4 管材热熔

（1）进场管材必须检查规格、型号、壁厚，并有出厂合格证及检测报告。检查其表面是否有磕、碰、划伤，如伤痕深度超过管材壁厚的 10%，应予以局部切除后方可使用。

（2）用干净的布清除两管端的油污或异物。

（3）将需热熔对接的管材置于机架卡瓦内，使两端伸出的长度相当（在不影响铣削和加热的情况下应尽可能短），管材机架以外的部分用支撑物托起，使管材轴线与机架中心线处于同一高度，然后用卡瓦紧固好。

（4）置入铣刀，先打开铣刀电源开关，然后再合拢管材两端，并加以适当的压力，直到两端均有连续的切屑出现后，撤掉压力，略等片刻，再推开活动架，关掉铣刀电源，切屑厚度应为 0.5mm 左右，通过调节铣刀片的高度可调切屑厚度。

（5）取出铣刀，合拢两管端，检查两端对齐情况，管材两端的错位不应超过壁厚的 10%，通过调整管材直线度和松紧卡瓦可予以改善，管材两端面间的间隙也不应超过壁厚的 10%，否则应再次铣削，直到满足上述要求。

（6）将加热板表面的灰尘和残留物清除干净（应特别注意不能划伤加热板表面的不粘层），检查加热板温度是否达到设定值。

（7）加热板温度达到设计值后，放入机架，施加规定的压力，直到两边最小卷边达到规定值（0.1×管材壁厚＋0.5）mm。

（8）将压力减少到接触压力，继续加热规定的时间。

（9）时间达到后，推开活动架，迅速取出加热板，然后合拢两管端，其时间间隔应尽可能短。

（10）将压力上升至熔接压力规定值，保证自然冷却，冷却到达规定时间后，卸压，松开卡瓦，取出连接完成的管材。

（11）保护管接缝处凸出的焊疤应去除，使保护管内通道光滑。

（12）管节端面的坡口角度、钝边、间隙应符合设计和焊接工艺要求。

（13）根据现场实际情况，将管线沿回路拖点（钻径出土点）一字摆放。并安装好管线的管堵及连接件。

管材熔接如图 2－5 所示，管头与管材熔接如图 2－6 所示。

图 2－5　管材熔接

图 2－6　管头与管材熔接

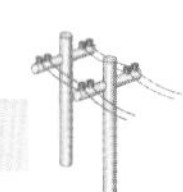

2.5 导向孔轨迹控制

（1）根据拉管轨迹埋深及钻杆在施工区域内的造斜特性确定钻头入土角、出土角。地面始钻式，入、出土角不超过 15°，中间任意一点不超过 8°；坑内始钻式，入、出土角一般为 0°。

（2）拉管轨迹离现有管线的安全距离应大于 500mm。

（3）入、出土点与拟穿越的第一个障碍物之间的距离（如道路、沟渠等）宜为 3 根钻杆长度。

（4）入土段和出土段钻孔应是直线的，不应有垂直弯曲和水平弯曲，这两段直线钻孔的长度不宜小于 10m。

（5）导向孔轨迹的弯曲半径应满足电缆弯曲半径及施工机械设备的钻进条件。

（6）穿越地下土层的最小覆盖深度应大于钻孔的最终回扩直径的 6 倍。

（7）为防止管道之间的缠绕，每孔拖管最多 9 孔。

非开挖拉管导向示意导向示意图如图 2-7 所示。

图 2-7 非开挖拉管导向示意

2.6 导向孔钻进

（1）钻机开动后，必须先进行试运转，确定各部分运转正常后方可钻进。

（2）第一根钻杆入土钻进时，应采取轻压慢转的方法；稳定入土点位置，符合设计入土角后方可实施钻进。

（3）导向孔钻进时，造斜段测量计算的频率为每 0.5～3.0m/次，水平直线段测量计算可按 3～5m/次进行，测试参数应符合设计轨迹要求。

（4）曲线段钻进时，应按地层条件确定推进力，严禁钻杆发生过度弯曲。

（5）造斜段钻进时，一次钻进长度宜为 0.5～3.0m，施工中应控制倾斜角变形，并应符合钻杆极限弯曲强度的要求，采取分段施钻，使倾斜角变化均匀。

（6）钻孔在钻进过程中，轨迹偏离误差不得大于钻杆直径的 1.5 倍，否则应退回进行纠偏。

导向管推进示意如图 2－8 所示。

图 2－8　导向管推进示意

（7）质量标准。

导向孔质量标准见表 2－3。

表 2－3　　导向孔质量标准

<table>
<tr><th>序号</th><th colspan="4">检查项目</th><th>质量标准</th><th>单位</th></tr>
<tr><td rowspan="2">1</td><td colspan="2" rowspan="2">入土点位置</td><td colspan="2">平面轴向、平面横向</td><td>0.02</td><td>m</td></tr>
<tr><td colspan="2">垂直向高程</td><td>±0.02</td><td>m</td></tr>
<tr><td rowspan="4">2</td><td rowspan="4">出土点位置</td><td rowspan="4">定向钻</td><td colspan="2">平面轴向</td><td>1%L，且≤2.0（1.0）</td><td>m</td></tr>
<tr><td colspan="2">平面横向</td><td>0.2%L，且≤1.0（0.8）</td><td>m</td></tr>
<tr><td rowspan="2">竖向高程</td><td>压力管道、电缆管道</td><td>±0.5</td><td>m</td></tr>
<tr><td>无压管道</td><td>±0.05</td><td>m</td></tr>
</table>

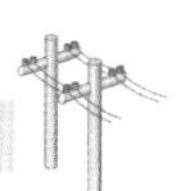

续表

序号	检查项目			质量标准	单位
2	出土点位置	二程式	中心水平轴线	0.05	m
			中心高程	±0.05	m
3	导向孔轨迹与设计轨迹偏移量		定向钻	0.5	m
			二程式	0.05	m

2.7 扩孔清孔

（1）扩孔时视工作坑返浆情况，合理调配泥浆的黏度、比重、固相含量等技术参数。

（2）导向孔钻进完成后应及时卸下导向钻头，换上扩孔器进行回扩。

（3）扩孔施工应根据铺设管线的管径、地层条件、设备能力，分一次或几次逐级扩孔。当铺设管线的直径为200mm和800mm时，根据现场地质条件、管线种类及入土角度，扩孔的直径应控制在设计管线直径的1.2～1.5倍，弯曲半径不宜小于钻杆直径的1500倍，且不应小于钻杆直径的1200倍。其他管径应根据现场因素，将扩孔直径控制在合理范围内。对管道运行沉降控制要求较高时，扩孔倍数宜取低值。

（4）扩孔时应随时调整钻进液黏度，以确保孔壁稳定。

（5）管线铺设之前宜作一次或多次清孔，清除扩孔后残留的泥渣。

扩孔清孔如图2－9所示。

图2－9　扩孔清孔

2.8 回拖管线

（1）回拖前，应认真检查钻具、旋转万向节、“U”形环和管线回拖头等，确认其安全可靠。管线与钻具连接后，先供泥浆，检查钻杆、钻具内通道及各泥浆喷嘴是否畅通。

（2）回拖管线时，宜将管线放在滚轮支架上。采用发送沟方法回拖管线时，地段应平坦，确保引沟与管孔的自然衔接。发送沟内不得有石块、树根和其他硬物，沟内应注水确保将管线浮起，避免管线底部与地层摩擦划伤。

（3）管线回拖应连续进行。当拉力、扭矩出现较大摆动时，应控制回拖速度。

（4）若采取分段拖管铺设，段数不宜超过 2 段，接管时间应尽量缩短。

（5）拖管结束后，钻孔及管线外壁的间隙必须采取注浆加固措施，防止产生沉降。

回拖管线如图 2－10 所示。

(a) 拖入过程

(b) 管头拖出

图 2–10　回拖管线

2.9 封堵及回填

（1）管线回拖就位后应卸下拖头，及时对管线两端进行封堵、包扎，坑内泥浆清除，扫清地面残留物。接收坑封堵管口如图 2-11 所示。

图 2-11　接收坑封堵管口

（2）工作坑宜用原生土或者其他材料分层夯实，回填至地面修复高度。其中，人工夯实分层厚度不应超过 200mm，机械夯实分层厚度不应超过 500mm。夯实系数应达到设计要求，并恢复到施工前的使用功能。及时清理现场泥浆、渣土及废弃物。土方回填如图 2-12 所示。

图 2-12　土方回填

3 电缆井、沟施工

本章介绍电缆井、沟施工放线、基坑（槽）围护、开挖基坑（槽）、垫层浇筑、现浇混凝土井、沟主体施工（钢筋绑扎、模板安装、混凝土浇筑）、砖砌井、沟主体施工（混凝土底板和压口梁施工、墙体砌筑、粉刷）、接地安装、土方回填、支架安装、井盖安装、盖板安装等电缆井、沟施工的施工工艺及关键节点。

3.1 施 工 放 线

（1）电缆井、沟基槽开挖前，应根据图纸确定电缆井、沟位置、走向，清理现场杂物，采用经纬仪、拉线尺量等方法定出电缆井电缆井、沟基准线，用石灰粉画出开挖路线、范围。

（2）按设计施工图，核对排管准确位置，钉立路径控制桩、标高控制桩。

（3）电缆井、沟基槽开挖基底尺寸为设计断面宽度两边各加 500mm，以方便模板支设及基槽支护等工作。在地面用石灰粉撒线确定开挖线。

定位放样如图 3－1 所示。

（4）质量标准。

定位放线质量标准见本书 1.1 表 1－1。

图 3-1 定位放样

3.2 基坑（槽）支护

（1）若因为客观条件限制无法放坡开挖时，应设置基坑（槽）的围护或支护措施。一般情况下，开挖深度小于 2m 的基坑（槽）可采用横列板支护：开挖深度大于 2m 的基坑（槽）宜采用钢板桩支护。支护桩的深度及横向支撑的大小及间距，一般支撑的水平间距不大于 2m。横向支撑应做好伸缩调节措施，围檩与钢板桩应固定可靠。钢板桩支护如图 3-2 所示，横列板支护如图 3-3 所示。

图 3-2 钢板桩支护

图 3-3 横列板支护

（2）若有地下水或流砂等不利地质条件，应采取必要的处理措施。

（3）基坑边沿 1m 范围内严禁堆土或堆放设备、材料等，1m 以外的堆载高度不应大于 1.5m。

（4）做好基坑降水排水工作，以防止坑壁受水浸泡造成塌方。

（5）特殊地段基坑支护时，应加强基坑监测，根据监测数据采取有效可靠的加固处理措施。

3.3 开挖基坑（槽）

（1）土方开挖应遵循“开槽支撑、先撑后挖、分层开挖、严禁超挖”的原则。

（2）基坑（槽）开挖应采用机械开挖，槽底设计标高以上 200～300mm 应用人工修整，防止超挖或扰动地基。

（3）基坑（槽）开挖应采取防积水措施，基坑（槽）两侧设排水沟及集水坑，将积水排出，以防止土方坍塌，排水沟的坡度不应小于 0.5%；集水坑尺寸应满足排水方式、排水泵放置要求。

（4）一般采用放坡开挖方式，特殊情况下，应采取临时支护措施如：横列板支护、钢板桩支护等，具体详见本书 3.2 内容。

（5）基坑（槽）边沿 1m 范围内严禁堆土或堆放设备、材料等，1m 以外的堆载高度不应大于 1.5m。

（6）基坑（槽）四周用钢管、安全网围护，设安全警示杆，夜间设警示灯，并安排专人看护。

（7）基坑（槽）开挖完成后，应进行“五方”验槽，验收合格后方可进行下步施工。

开挖基坑（槽）如图 3-4 所示。

(a) 电缆沟基槽

(b) 电缆井基坑

图 3-4　开挖基坑（槽）

（8）质量标准。

开挖基坑质量标准见本书 1.2 表 1-2。

3.4 垫层浇筑

（1）垫层浇筑前应确保垫层下的地基稳定且已夯实、平整。

（2）垫层模板安装必须稳固牢靠，接缝严密，不得漏浆。

（3）根据基槽开挖标高控制桩上的标高控制线，按设计要求向下量出垫层标高，钉好相应垫层控制桩。垫层控制桩如图 3－5 所示。

图 3-5　垫层控制桩

（4）垫层混凝土应振捣密实，上表面应平整。振捣方法一般采用平板振动器振捣，振捣时间不宜过长。

（5）混凝土的强度、坍落度应满足 GB 50164《混凝土质量控制标准》。

垫层浇筑完成后效果如图 3－6 所示。

（a）电缆沟垫层完成效果

图 3-6　垫层浇筑完成后效果（一）

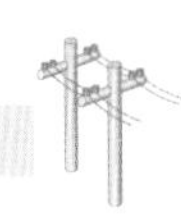

(b) 电缆井垫层完成效果

图 3-6 垫层浇筑完成后效果（二）

（6）质量标准。

混凝土垫层质量标准见本书 1.3 表 1-3。

3.5 现浇混凝土井、沟主体施工

3.5.1 钢筋绑扎

（1）根据设计图纸要求的钢筋间距弹出底板钢筋位置线。弹钢筋间距控制线如图 3-7 所示。

图 3-7 弹钢筋间距控制线

（2）钢筋的绑扎应均匀、可靠。确保在混凝土撮捣时钢筋不会松散、移位。钢筋的交叉点可每隔一根相互成梅花式扎牢，但在周边的交叉点，每处都应绑扎；箍筋转角与钢筋的交叉点均应扎牢。

（3）受力钢筋的连接、钢筋的绑扎等工艺应符合相关规程、规范及技术标准的要求。

（4）钢筋绑扎后应随即垫好垫块及马镫，间距不宜大于1000mm，每平方不得小于4个。双层钢筋垫块、马镫如图3－8所示。

图3－8 双层钢筋垫块、马镫

（5）顶板梁箍筋转角与钢筋的交叉点均应扎牢，箍筋的末端应向内弯。

（6）电缆井底板钢筋完成后固定并焊接好钢板止水带。钢板止水带焊接如图3－9所示。

(a) 焊缝细节

图3－9 钢板止水带焊接（一）

(b) 整体效果

图 3-9 钢板止水带焊接（二）

（7）墙体钢筋绑扎时应根据弹好的墙体位置线，将伸入基础底板的插筋绑扎牢固。插筋锚入底板深度应符合设计要求，其上部绑扎两道以上水平筋和水平梯形架立筋，其下部伸入底板部分在钢筋交叉处内部绑扎水平筋，以确保墙体插筋垂直、不位移。斜拉筋必须与底板、侧墙外侧纵向钢筋钩住绑扎，节点内纵向钢筋位于底板、侧墙主筋交叉点内侧绑扎。电缆沟墙板安装加强筋如图 3-10 所示。

图 3-10 电缆沟墙板安装加强筋

（8）预埋件应采用热镀锌电缆支架预埋件，相关规格符合设计规范要求，安装时应可靠固定。

（9）预埋件的允许安装偏差：中心线位移≤10mm；埋入深度偏差≤5mm；垂直度偏差≤5mm。电缆支架预埋件如图 3-11 所示。钢筋绑扎效果图如图 3-12 所示。

图 3-11　电缆支架预埋件

(a) 电缆沟钢筋绑扎效果

(b) 电缆井钢筋绑扎效果

图 3-12　钢筋绑扎

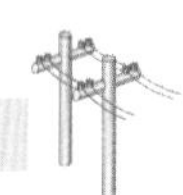

（10）质量标准。

钢筋安装质量标准见表3－1。

表3－1　钢筋安装质量标准

序号	检查项目		质量标准	单位
1	受力钢筋的牌号、规格和数量		必须符合设计要求	
2	受力钢筋		钢筋应安装牢固。受力钢筋的安装位置、锚固方式应符合设计要求	
3	受力钢筋保护层厚度		受力钢筋保护层厚度的合格点率应达到90%及以上，且不得超过本表数值1.5倍的偏差	
4	绑扎钢筋网	长、宽偏差	±10	mm
		网眼尺寸	±20	mm
5	绑扎钢筋骨架	长偏差	±10	mm
		宽、高	±5	mm
6	纵向受力钢筋	锚固长度	－20	mm
		间距偏差	±10	mm
		排距偏差	±5	mm
7	纵向受力钢筋、箍筋的混凝土保护层厚度	基础	±10	mm
		柱、梁	±5	mm
		板、墙	±3	mm
8	绑扎箍筋、横向钢筋间距		±20	mm
9	预埋件	中心线位置	≤5	mm
		水平高差	＋3～0	mm

3.5.2　模板安装

（1）模板安装必须稳固牢靠，接缝严密，不得漏浆。模板与混凝土的接触面必须清理干净并涂刷脱模剂。浇筑混凝土前，模板内的积水和杂物应清理干净。

（2）模板采取必要的加固措施，提高模板的整体刚度。

钢筋混凝土电缆井模板支撑如图3－13所示，钢筋混凝土电缆沟模板支撑如图3－14所示。

(a) 底板模板支撑

(b) 墙板、顶板模板支撑

图 3-13　钢筋混凝土电缆井模板支撑

(a) 内模板支撑

图 3-14　钢筋混凝土电缆沟模板支撑（一）

(b) 外模板支撑

图 3-14 钢筋混凝土电缆沟模板支撑（二）

（3）质量标准。

模板安装工程质量标准见表 3-2。

表 3-2 模板安装工程质量标准

序号	检查项目		质量标准	单位
1	模板及其支架		应根据工程结构形式、荷载大小、地基土类别、施工设备和材料供应等条件进行设计。应具有足够的承载能力、刚度和稳定性，能可靠地承受浇筑混凝土的重力、侧压力以及施工荷载	
2	模板板面质量、隔离剂及支撑		模板板面应干净，隔离剂应涂刷均匀。模板间的拼缝应平整、严密，模板支撑应设置正确	
3	模板安装要求		1. 模板的拼接缝处应有防漏浆措施，木模板应浇水湿润，但模板内不应有积水； 2. 模板与混凝土的接触面应清理干净并涂刷隔离剂； 3. 模板内的杂物应清理干净	
4	中心及端部位移		±10	mm
5	顶面标高偏差		0～-10	mm
6	底面坡度偏差		±10%的计坡度	
7	截面尺寸偏差		±15	mm
8	厚度偏差		+3～-5	mm
9	预留孔洞	中心线位移	≤8	mm
		水平高差	≤3	mm

3.5.3 混凝土浇筑

（1）混凝土应搅拌均匀，坍落度应满足 GB 50124《混凝土质量控制标准》中混凝土拌合物的坍落度等级划分表要求。

（2）混凝土自由下落高度不大于 2m，如超过 2m 应增设流槽或串筒等措施。

（3）下料速度、浇筑速度必须严格控制。下料后，混凝土要立即摊平。

（4）混凝土振捣需密实，在采用插入式振捣时，混凝土浇筑时应注意振捣器的有效振捣深度。振捣时间宜控制在 20～30s，以混凝土表面不再冒气泡并出现均匀的水泥浆，即可停止振捣。混凝土浇筑示意图如图 3－15 所示。

（a）钢筋混凝土电缆井浇筑

（b）钢筋混凝土电缆沟浇筑

图 3－15　混凝土浇筑示意图

（5）混凝土试块留置：试块应在混凝土浇筑地点随机抽取制作，取样与留置数量应符合 GB 50204《混凝土结构工程施工质量验收规范》的规定。

（6）混凝土初次收面完成后，及时对混凝土暴露面采用塑料薄膜进行紧密覆盖，尽量减少暴露时间，防止表面水分蒸发；洒水养护宜在混凝土裸露表面覆盖麻袋或草帘，洒水养护次数以混凝土表面湿润状态为度。混凝土养护效果图如图 3－16 所示。

(a) 薄膜养护

(b) 洒水养护

图 3－16　混凝土养护效果图

（7）拆模时应做好成品的保护工作，不得使混凝土表面和棱角受损。若发现混凝土外观质量缺陷需根据审核通过的修补方案实施修补。当顶板混凝土达到设计强度的 100% 后方可拆除顶板模板。

现浇混凝土井、沟主体成品效果图如图 3－17 所示。

(a) 钢筋混凝土电缆井成品

(b) 钢筋混凝土电缆沟成品（视角一）

(c) 钢筋混凝土电缆沟成品（视角二）

(d) 钢筋混凝土电缆沟成品（视角三）

图 3-17 现浇混凝土井、沟主体成品效果图

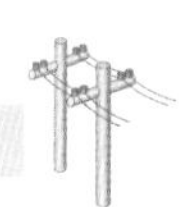

（8）质量标准。

混凝土外观及尺寸偏差质量标准见表 3－3。

表 3－3　　混凝土外观及尺寸偏差质量标准

序号	检查项目		质量标准	单位
1	外观质量		不应有严重缺陷，对已经出现的缺陷，应处理后重新检查验收	
2	尺寸偏差		不应有影响结构性能和设备安装的尺寸偏差。对超过尺寸允许偏差且影响结构性能和安装、使用功能的部位，应由施工单位按技术处理方案进行处理，并重新检查验收	
3	轴线位移		≤10	mm
4	平面外形尺寸偏差		±20	mm
5	上表面平整度		≤8	mm
6	预埋件	中心位移	≤10	mm
		与混凝土面的平整度	≤5	mm
7	预留孔（洞）	中心位移	≤10	mm
		截面尺寸偏差	0～10	mm
		深度偏差	0～20	mm

3.6 砖砌井、沟主体施工

3.6.1 混凝土底板和压口梁施工

3.6.1.1 钢筋绑扎

（1）根据设计图纸要求的钢筋间距弹出底板钢筋位置线。弹钢筋间距控制线如图 3－18 所示。

（2）钢筋的绑扎应均匀、可靠。确保在混凝土振捣时钢筋不会松散、移位。钢筋的交叉点可每隔一根相互成梅花式扎牢，但在周边的交叉点，每处都应绑扎；箍筋转角与钢筋的交叉点均应扎牢。

（3）受力钢筋的连接、钢筋的绑扎等工艺应符合相关规程、规范及技术标准的要求。

（4）钢筋绑扎后应随即垫好垫块及马镫，间距不宜大于 1000mm，每平方不得小于 4 个。

双层钢筋垫块、马镫如图 3－19 所示。

图 3－18 弹钢筋间距控制线

图 3－19 双层钢筋垫块、马镫

砖混电缆沟钢筋绑扎效果图如图 3－20 所示，砖混电缆井钢筋绑扎如图 3－21 所示。

（5）质量标准。

钢筋安装质量标准见 3.5.1 表 3－1。

3.6.1.2 模板安装

（1）模板安装必须稳固牢靠，接缝严密，不得漏浆。模板与混凝土的接触面必须清理干净并涂刷脱模剂。浇筑混凝土前，模板内的积水和杂物应清理干净。

（2）模板采取必要的加固措施，提高模板的整体刚度。模板支撑如图 3－22 所示。

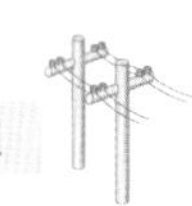

(a) 底板钢筋绑扎

(b) 压口梁钢筋绑扎效果

图 3-20 砖混电缆沟钢筋绑扎

(a) 压口梁钢筋绑扎

图 3-21 电缆井钢筋绑扎（一）

(b) 底板钢筋绑扎

图 3-21　电缆井钢筋绑扎（二）

(a) 电缆井底板模板支撑

(b) 电缆沟底板模板支撑

图 3-22　模板支撑（一）

(c) 电缆井压口梁模板支撑

(d) 电缆沟压口梁模板支撑

图 3-22 模板支撑（二）

（3）质量标准。

模板安装质量标准见 3.5.2 表 3-2。

3.6.1.3 混凝土浇筑

（1）混凝土应搅拌均匀，坍落度应满足 GB 50124《混凝土质量控制标准》中混凝土拌合物的坍落度等级划分表要求。

（2）混凝土自由下落高度不大于 2m，如超过 2m 应增设流槽或串筒等措施。

（3）下料速度、浇筑速度必须严格控制。下料后，混凝土要立即摊平。

（4）混凝土振捣需密实，在采用插入式振捣时，混凝土浇筑时应注意振捣器的有效振捣深度。振捣时间宜控制在 20～30s，以混凝土表面不再冒气泡并出现均匀的水泥浆，即可停止振捣。混凝土浇筑如图 3-23 所示。

(a) 底板混凝土浇筑

(b) 压口梁混凝土浇筑

图 3－23　混凝土浇筑

（5）混凝土试块留置：试块应在混凝土浇筑地点随机抽取制作，取样与留置数量应符合 GB 50204《混凝土结构工程施工质量验收规范》的规定。

（6）混凝土初次收面完成后，及时对混凝土暴露面采用塑料薄膜进行紧密覆盖，尽量减少暴露时间，防止表面水分蒸发；洒水养护宜在混凝土裸露表面覆盖麻袋或草帘，洒水养护次数以混凝土表面湿润状态为度。混凝土养护如图 3－24 所示。

（7）拆模时应做好成品的保护工作，不得使混凝土表面和棱角受损。若发现混凝土外观质量缺陷需根据审核通过的修补方案实施修补。当顶板混凝土达到设计强度的 100% 后方可拆除顶板模板。

(a) 砖混电缆井底板薄膜养护

(b) 砖混电缆沟底板薄膜养护

(c) 洒水养护

图 3-24　混凝土养护

拆模后成品效果图如图 3－25 所示。

(a) 砖混电缆井拆模

(b) 砖混电缆沟拆模（视角一）

(c) 砖混电缆沟拆模（视角二）

图 3－25　拆模后成品

（8）质量标准。

混凝土外观及尺寸偏差质量标准见 3.5.3 表 3－3。

3.6.2 墙体砌筑

（1）材料：地下结构应采用 MU15 及以上混凝土实心砖。

（2）沟壁砌筑前应按设计进行砌体砌筑放线，放线精度需满足砌体规范要求。砌筑放线如图 3－26 所示。

图 3－26 砌筑放线

（3）砌筑用砂浆采用 M15 水泥砂浆，砌筑砂浆应按砂浆级配单配制，使用时应留置砂浆试块。

（4）盘角及挂线：砌砖前架好皮数杆、盘好角，每次盘角不宜超过 5 皮。一般采用单面挂线。控制线要拉紧，每层砖砌筑时应扣平线，使水平缝保持均匀一致，平直通顺。砌筑盘角及挂线效果图如图 3－27 所示。

图 3－27 砌筑盘角及挂线

（5）砌体砌筑时需按照电缆支架固定螺栓位置，安装预制混凝土块（带埋件），便于电缆支架固定。预制块砌筑如图 3－28 所示。

(a) 预制块放置

(b) 预制块砌筑

图 3－28　预制块砌筑

（6）砌体灰缝宽度为 8～12mm。砌体水平灰缝的砂浆饱满度不得小于 80%。砌筑时上下层错缝，沟壁砌筑临时间断处应砌成斜槎，斜槎水平投影长度不小于高度的 2/3。砖砌体砌筑时应随铺砂浆随砌筑，灰缝横平竖直，厚薄均匀。转角处或交接处需同时砌筑。

砌筑完成效果如图 3－29 所示。

（7）质量标准。

砌筑质量标准见表 3－4。

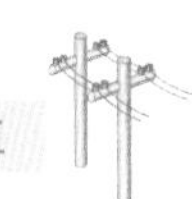

(a) 砖混电缆井砌筑完成效果

(b) 砖混电缆沟砌筑完成效果

图 3-29 砌筑完成效果

表 3-4 砌筑质量标准

序号	检查项目	质量标准	单位
1	砖的强度等级	应符合设计要求	
2	砂浆的强度等级	应符合设计要求	
3	砌体留槎	对不能同时砌筑而又应留置的临时间断处应砌成斜槎，斜槎水平投影长度不小高度的 2/3	
4	冬期施工措施	应符合设计要求和现行有关标准的规定	
5	砌体砂浆饱满度	砌体水平灰缝的砂浆饱满度不得小于 80%	
6	砌体上下错缝	砌体中长度每 300mm 范围内 4～6 皮砖的通缝小于或等于 3 处，且不在同一面墙体上	

续表

序号	检查项目		质量标准	单位
7	砌体接槎		接槎处表面清理干净，浇水湿润，并填实砂浆，保持灰缝平直，竖向灰缝不得出现透明缝、瞎缝和假缝	
8	上口平直		顺直	
9	中心线位移		≤20	mm
10	顶面标高		−10～0	mm
11	底面标高		±5	mm
12	截面尺寸		±15	mm
13	壁厚		±5	mm
14	内侧平整度		≤8	mm
15	预留孔洞及预埋件	中心位移	≤15	mm
16		倾斜度	2	%

3.6.3 粉刷

（1）采用 MU7.5 的水泥砂浆进行抹面，水泥砂浆应按砂浆级配单配制，使用时应留置砂浆试块。

（2）抹灰前应充分湿润墙体，并贴灰饼充筋，保证抹面垂直度和平整度。粉刷灰饼打样如图 3－30 所示。

（3）粉刷必须内外分层进行，严禁一遍完成。每层厚度宜控制在 6～8mm，层间间隔时间≥24h。粉刷如图 3－31 所示。

(a) 电缆井灰饼打样

图 3－30　粉刷灰饼打样（一）

(b) 电缆沟灰饼打样

图3-30 粉刷灰饼打样（二）

(a) 第一层粉刷

(b) 第二层粉刷

图3-31 粉刷

（4）粉刷完成 24h 后及时对抹灰面进行喷水养护，防止空鼓开裂。

（5）室外温度低于 5℃时，不宜进行室外粉刷。

砖砌井、沟主体成品效果如图 3－32 所示。

(a) 电缆井成品效果

(b) 电缆沟成品效果

图 3－32　砖砌井、沟主体成品效果

（6）质量标准。

粉刷质量标准见表 3－5。

表 3－5　　粉刷质量标准

序号	检查项目	质量标准	单位
1	配合比	抹灰砂浆的品种、配合比应符合设计要求和 JGJ/T 220 的规定	
2	基层表面	抹灰前基层表面的尘土、污垢、油渍等应清除干净，并应洒水润湿	

续表

序号	检查项目	质量标准	单位
3	原材料质量	抹灰所用材料的品种和性能应符合设计要求。水泥的强度和安定性复验应合格，界面剂的黏结性能复验应合格	
4	层黏结及面层质量	抹灰层与基层之间及各抹灰层之间必须黏结牢固，抹灰层应无脱层，空鼓面积不应大于 400cm^2，面层应无爆灰和裂缝，接槎平整	
5	试块抗压强度	同一验收批的砂浆试块抗压强度平均值应大于或等于设计强度等级，且抗压强度等级最小值应大于或等于设计强度等级值的 75%。当同一验收批试块少于 3 组时，每组试块抗压强度均应大于或等于设计强度等级值	
6	表面质量	表面应光滑、洁净、接槎平整，分格缝和灰线应清晰美观	
7	立面垂直度	≤3	mm
8	表面平整度	≤2	mm
9	阴阳角方正	≤2	mm

3.7 接 地 安 装

（1）接地极的形式、埋入深度及接地电阻值应符合设计要求，当设计无要求时，埋入深度不应小于 600mm。

（2）电缆及其附件的支架必须可靠接地，接地电阻应不大于 10Ω。

（3）垂直接地体的敷设：将垂直接地体竖直打入地下，垂直接地体上部应加垫件，防止将端部破坏。

（4）水平接地体的敷设：敷设前应进行必要的校直；要求弯曲敷设时，应采用机械冷弯，避免热弯损坏镀锌层。

（5）垂直接地体与水平接地体的连接必须采用焊接，焊接应可靠，应由专业人员操作。焊接应符合下列规定：

1）扁钢的搭接长度应为其宽度的 2 倍，至少 3 个棱边施满焊。

2）扁钢与角钢、扁钢与钢管焊接时，除应在其接触部位两侧进行焊接外，还应以钢带弯成的弧形（或直角形）卡子或直接由钢带本身弯成弧形（或直角形）与钢管（或角钢）焊接。

（6）地装置焊接部位及外侧 100mm 范围内应做防腐处理。在做防腐处理前，必须去掉表面残留的焊渣并除锈。

（7）不得采用铝导体作为接地体或接地线。

电缆井、沟与接地体焊接如图 3－33 所示，接地扁钢与接地体连接如图 3－34 所示，电缆支架与接地扁钢焊接如图 3－35 所示。

图 3－33　电缆井、沟与接地体焊接

(a) 圆弧连接

(b) 直角连接

图 3－34　接地扁钢与接地体连接

（8）质量标准。

接地装置安装质量标准见表 3－6。

(a) 接地扁钢搭接加强

(b) 焊缝效果

图 3-35 电缆支架与接地扁钢焊接

表 3-6 接地装置安装质量标准

序号	检查项目	质量标准	单位
1	接地装置的接地电阻值测试	测试接地装置的接地电阻值应符合设计要求	
2	接地装置测试点设置	接地装置在地面以上的部分，应按设计要求设置测试点，测试点不应被外墙饰面遮蔽，且应有明显标识	
3	接地装置的材料规格、型号	符合设计要求	
4	接地模块的埋设深度、间距和基坑尺寸	接地模块顶面埋深不小于 0.6m，接地模块间距不应小于模块长度的 3～5 倍。接地模块埋设基坑，一般宜为模块外形尺寸的 1.2～1.4 倍，且应详细记录开挖深度内的地层情况	
5	接地模块应垂直或水平就位	接地模块应垂直或水平就位，并应保持与原土层接触良好	

续表

序号	检查项目	质量标准	单位
6	接地装置埋深、间距和搭接长度	当设计无要求时，接地装置顶面埋设深度不应小于 0.6m。圆钢、角钢及钢管接地极应垂直埋入地下，间距不应小于 5m；人工接地体与建筑物的外墙或基础之间的水平距离不宜小于 1m。接地装置的焊接应采用搭接焊，搭接长度应符合下列规定： （1）扁钢与扁钢搭接为扁钢宽度的 2 倍，且应至少三面施焊； （2）圆钢与圆钢搭接为圆钢直径的 6 倍，且应双面施焊； （3）圆钢与扁钢搭接为圆钢直径的 6 倍，且应双面施焊； （4）扁钢与钢管，扁钢与角钢焊接，应紧贴角钢外侧两面，或紧贴 3/4 钢管表面，上下两侧施焊； （5）除埋设在混凝土中焊接接头外，有防腐措施	
7	接地装置防腐及搭接长度	接地装置的焊接应采用搭接焊，除埋设在混凝土中的焊接接头外，其余接头均应有防腐措施，搭接长度应符合下列规定： （1）扁钢与扁钢搭接为扁钢宽度的 2 倍，至少三面施焊； （2）圆钢与圆钢搭接为圆钢直径 6 倍，双面施焊； （3）圆钢与扁钢搭接为圆钢直径的 6 倍，双面施焊； （4）扁钢与钢管、扁钢与角钢焊接时，紧贴 3/4 钢管表面，或紧贴角钢外侧两面，上下两侧施焊	
8	接地极采用热剂焊的要求	当接地极为铜材和钢材组成，且铜与铜或钢与钢材连接采用热剂焊时，接头应无贯穿性的气孔且表面光滑	
9	接地装置材质和最小允许规格	符合设计要求。当设计无要求时，接地装置的材料采用为钢材，热浸镀锌处理，最小允许规格、尺寸应符合现行标准的规定	

3.8 土方回填

（1）回填土：宜优先利用基坑中挖出的优质土。回填土内不得含有有机杂质，粒径不应大于 50mm，含水量应符合压实要求。淤泥和淤泥质土不能用作填料。回填土料应全数检查。

（2）分层夯实回填至地面修复高度。其中，人工夯实分层厚度不应超过 200mm，机械夯实分层厚度不应超过 500mm。夯实系数应达到设计要求。

（3）严格控制每层回填厚度，禁止直接卸土入槽。

土方回填分层夯实如图 3－36 所示。

（4）质量标准。

土石方回填质量标准见 1.6 表 1－8。

图3-36 土方回填分层夯实

3.9 支架安装

（1）电缆支架及其固定立柱的机械强度，应能满足电缆及其附加荷载以及施工作业时附加荷载的要求，并留有足够的裕度。上、下层支架的净间距不应小于250mm。

（2）电缆支架的加工应符合下列要求：

1）电缆支架下料误差应在5mm范围内，切口应无卷边、毛刺；各支架的同层横担应在同一水平面上，其高低偏差不应大于5mm；电缆支架横梁末端50mm处应斜向上倾角10°。

2）电缆支架应焊接牢固，无显著变形，各横撑间的垂直净距与设计偏差不应大于5mm。

（3）金属电缆支架全长按设计要求进行接地焊接，应保证接地良好。所有支架焊接牢靠，焊口应饱满，无虚焊现象，焊接处防腐应符合要求。

（4）支架若采用复合材料，应满足强度、安装及电缆敷设等的相关要求。

（5）支架立铁的固定可以采用螺栓固定或焊接。

（6）支架、吊架必须用接地扁钢环通，接地扁钢的规格应符合设计要求。

（7）复合电缆支架应符合以下要求：

1）满足电缆及其附加荷载以及施工作业时的附加荷载。

2）支架应平直，无明显扭曲，表面光滑，无裂纹、尖角和毛刺。

3）在电缆承受横向推力情况下，电缆外护套上不应产生可见的刮磨损伤。

4）具有良好的电气绝缘性能、良好的阻燃性能及良好的耐腐蚀性能。

电缆支架安装完成效果如图 3－37 所示。

图 3－37　电缆支架安装完成效果

（8）质量标准。

支架安装质量标准见表 3－7。

表 3－7　　支架安装质量标准

<table>
<tr><th>序号</th><th colspan="2">检查项目</th><th>质量标准</th><th>单位</th></tr>
<tr><td>1</td><td colspan="2">支架型号、规格</td><td>应符合设计要求</td><td></td></tr>
<tr><td>2</td><td colspan="2">支架外观（支柱及横梁）</td><td>应符合有关现行标准（规范）要求</td><td></td></tr>
<tr><td>3</td><td colspan="2">支架吊装位置和型号</td><td>应符合设计要求</td><td></td></tr>
<tr><td>4</td><td colspan="2">铁件及构件连接件防腐</td><td>应符合设计要求</td><td></td></tr>
<tr><td>5</td><td colspan="2">接地装置</td><td>应符合设计要求及现行有关标准规定</td><td></td></tr>
<tr><td>6</td><td colspan="2">支架顶标高偏差</td><td>±5</td><td>mm</td></tr>
<tr><td rowspan="2">7</td><td rowspan="2">垂直偏差</td><td>支架高度不大于 5m</td><td>≤5</td><td>mm</td></tr>
<tr><td>支架高度大于 5m</td><td>≤1/1000 支架杆高度，且≤10mm</td><td></td></tr>
<tr><td>8</td><td colspan="2">顶板平整度偏差</td><td>≤5</td><td>mm</td></tr>
</table>

3.10　井　盖　安　装

（1）水泥砂浆初凝时放置井盖支座，使井盖支座与检查孔盖板表面紧密接触。

（2）安装时，接缝处必须用防水性材料填塞密实，保证密封性、防水性要求，与路面保持平整、高度一致。

（3）采用的铁质构件在焊接和安装后，应进行相应的防腐处理。

（4）井座外框应与检查孔盖板顶板预留出入孔的外圈边线重合。

（5）使用与工程同标号混凝土井座，必须严密厚实且呈喇叭状，然后随检查孔盖板一同养护。

（6）井筒（井脖子）施工缝处设遇水膨胀式橡胶止水条。

（7）井盖安装应牢固、严密。

（8）井盖的强度应满足使用环境中可能出现的最大荷载要求，且应满足防水、防震、防跳、耐老化、耐磨、耐极端气温等使用要求；井盖的使用寿命不宜小于 30 年。

（9）应能满足防盗要求。

（10）道路等重要位置，根据实际情况可选用承重井盖、防盗井盖，必要时加装防坠网。

双层复合井盖成品如图 3－38 所示。双层复合井盖安装效果如图 3－39 所示。

图 3－38　双层复合井盖成品

图 3－39　双层复合井盖安装效果

（11）质量标准。

井盖安装质量标准见表 3－8。

表 3－8 井盖安装质量标准

序号	检查项目		质量标准	单位
1	井盖、井面标高		与路面保持平整、高度一致	
2	井盖安装		牢固	
3	井座支承面的宽度		符合规范要求	
4	铰接井盖的仰角		符合规范要求	
5	井盖的嵌入深度	A15	≥30	mm
		A125	≥30	
		C250	≥30	
		D400	≥50	
		E600	≥50	
		F900	≥50	
6	井盖与井座的总间隙	构件 1 件	≤6	mm
		构件 2 件	≤9	
		构件 3 件及以上	≤15，单件不超过 5	
7	井座净开孔		≥800	mm
8	井座支撑面宽度		≥24	mm

3.11 盖板安装

（1）盖板宜按照图纸要求进行工厂化预制。

（2）预埋的护口件应采用热镀锌角钢。

（3）混凝土和钢筋应满足相关的强度等级要求和布置要求。

（4）电缆井盖板下应设置防火棉线或胶垫，保证盖板敷设后踩踏时无响声。

（5）盖板应保证表面无积水。

电缆盖板配筋如图 3－40 所示。电缆盖板成品如图 3－41 所示。电缆井盖板安装完成效果如图 3－42 所示。

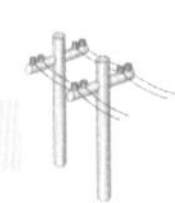

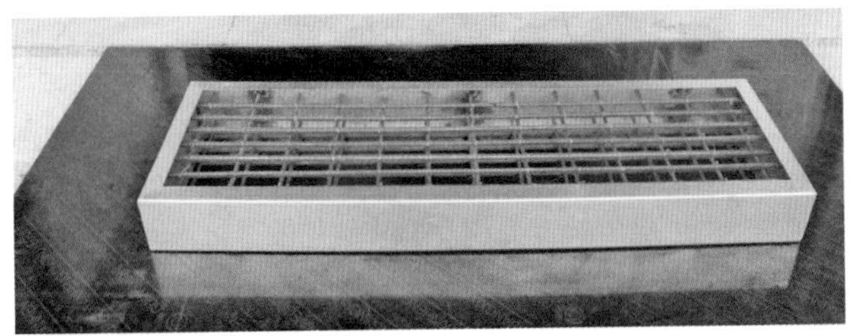

图 3-40　电缆盖板配筋

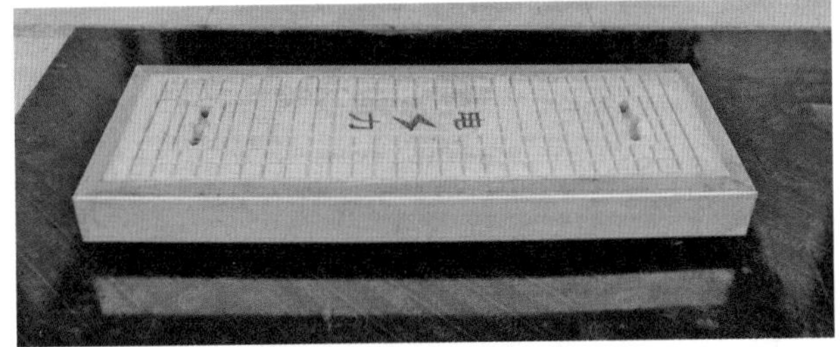

图 3-41　电缆盖板成品

(a) 电缆井盖板安装效果

(b) 电缆沟盖板安装效果

图 3-42　电缆盖板安装完成效果

（6）质量标准。

盖板混凝土外观及尺寸偏差质量标准见表 3－9，盖板安装质量标准见表 3－10。

表 3－9　　盖板混凝土外观及尺寸偏差质量标准

序号	检查项目		质量标准	单位
1	外观质量		不应有严重缺陷；对已经出现的严重缺陷，应由施工单位按技术处理方案进行处理，并重新检查验收	
2	尺寸偏差		不应有影响结构性能和使用功能的尺寸偏差；对超过尺寸允许偏差且影响结构性能和安装、使用功能的部位，应由施工单位按技术处理方案进行处理，并重新检查验收	
3	外观质量	颜色	颜色基本一致，无明显色差	
		修补	基本无修补痕迹	
		气泡	最大直径不大于 8mm，深度不大于 2mm，每平方米气泡面积不大于 $20cm^2$	
		裂缝	宽度小于 0.2mm，且长度不大于 1000mm	
		光洁度	无漏浆、流淌及冲刷痕迹，无油迹、墨迹及锈斑，无粉化物	
4	长度偏差		±5	mm
5	宽度偏差		±5	mm
6	厚度偏差		±3	mm
7	对角线差		≤5	mm

表 3－10　　盖 板 安 装 质 量 标 准

序号	检查项目	质量标准	单位
1	盖板型号和质量	应符合设计要求及有关现行标准规定	
2	盖板外观质量	表面应平整，无扭曲、变形，色泽均匀	
3	盖板安装	平稳、顺直	
4	表面平整	≤5	mm

4 电缆土建预制构件安装

电缆土建部分的工厂化预制构件主要有电缆预制排管、预制电缆沟、预制电缆井和电缆预制盖板等。适用于轮式起重机可以作业的，管线廊道环境比较简单的山地、平原、城市道路等。本章主要介绍电缆土建工厂化预制构件的安装施工工艺及关键节点。电缆预制盖板前文3.11章节已有详细介绍本章不再涉及。

4.1 安装前准备

（1）目前电缆土建工厂化预制构件尚无国家标准，各生产厂家标准、型号也不统一，选用时应根据实际管线需求，由设计和业主牵头选用。电缆土建部分的工厂化预制构件主要有电缆预制排管、预制电缆沟、预制电缆井和电缆预制盖板等。

预制土建构件如图4-1所示。

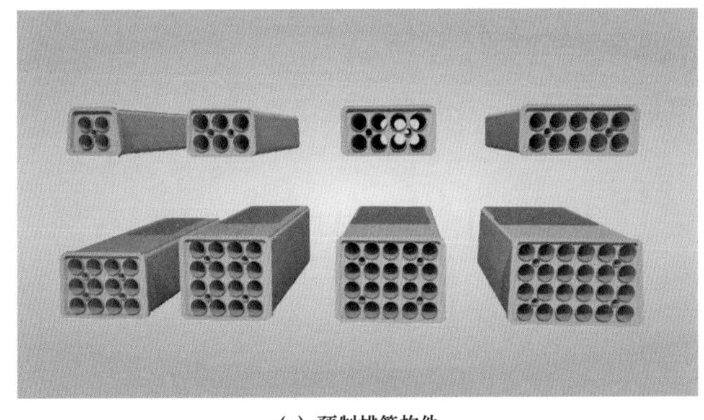

(a) 预制排管构件

图4-1 预制土建构件（一）

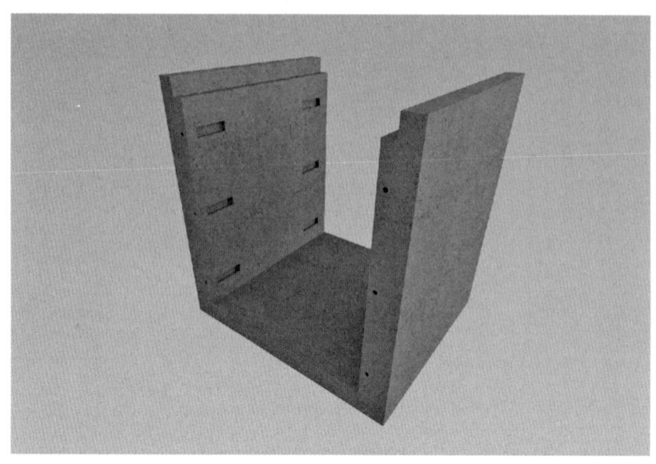

(b) 预制沟构件

(c) 预制电缆井构件

图 4-1 预制土建构件（二）

（2）根据施工图纸，对施工区域内地下管线（通信、电力、供水、燃气、雨污、排水、路灯线、国防光缆等）进行排摸，确定排管布置方式及型号。

（3）施工进场道路应确保施工进场道路满足吊车、载货挂车通行条件，一般满足不低于 5 米，必要时考虑修建临时通行道路。

（4）现场环境要能满足吊车、挖机等机械作业空间条件。

4.2 开挖基坑（槽）

（1）沟槽开挖尺寸。

1）开挖宽度。预制排管基槽开挖宽度为预制排管宽度每边各加 200mm，预制

电缆沟基槽开挖宽度为每边各加 300～500mm，预制电缆井基坑大小是长宽方向每边各加 300～500mm。

2）开挖高度。设预制排管、电缆井、电缆沟的底部至顶部高度是 H；井盖、井圈高度是 H_1；垫层厚度是 H_2；覆土厚度是 H_3，埋深覆土厚度不应小于 50cm。则各类型沟槽开挖深度如下：

预制排管开挖的深度为：$H+H_2+H_3$；

预制电缆井开挖的深度为：$H+H_1+H_2$；

预制电缆沟开挖的深度为：$H+H_2$。

（2）基坑（槽）放线施工工艺要求已在本书 1.1、3.1 小节详细介绍，这里不再赘述。

（3）基坑（槽）开挖施工工艺要求已在本书 1.2、3.3 小节详细介绍，这里不再赘述。

4.3 垫层及地基处理

（1）垫层及地基处理方式。

1）地基承载力大于 80kN/m^2 的，比如地质条件较好的北方和南方山地，一般采用 100mm 厚 C15 混凝土垫层作为基础持力层。

2）南方软土地基加强垫层，一般采用 100～150mm 厚 C15 钢筋混凝土垫层作为基础持力层，钢筋配置由设计计算确定。

3）当南方滩涂等场景地基承载力不足时，可采用松木桩加固方式进行地基处理，具体根据实际情况由设计确定。

（2）当需要临时设置基坑（槽）支护措施的，具体做法详见本书 3.2 小节，这里不再赘述。

（3）基坑（槽）垫层浇筑工艺要求已在本书 1.3、3.4 小节详细介绍，这里不再赘述。

（4）在完成的垫层上方应铺设一层黄沙褥垫层，褥垫层厚度为 10cm。

黄沙褥垫层如图 4-2 所示。

图 4-2 黄沙褥垫层

4.4 吊装及拼装

（1）起重作业要求。

1）起重机械、起吊辅助工具应有的产品质量合格证明文件、租赁设备合同、安全协议书。

2）相关作业人员如工作负责人、起重指挥、作业人员应有相应资质，经考试合格上岗。

（2）起重机械选择，因各厂家的预制件重量不一，具体起重机械选择参照厂家产品手册。

（3）预制件吊装。

1）安装前检查基槽/基坑底部垫层平整度，剔除垫层上表面的石块，硬块等。

2）检查基槽（坑）边坡稳定性，确保轻微碰撞不滑坡。

3）设置通长控制线确保预制排管、电缆井、电缆沟走向，可通过调整排管承插角度和电缆井布置来完成电缆排管走向控制。

4）起吊前检查吊机的稳定性，吊点的可靠性，吊具固定是否牢靠。

5）起吊时保证足够的安全距离，匀速、缓慢吊至指定位置。

6）吊至指定位置后，缓速下降，待全部稳定后，检查产品构件的平整度达标后再拆除吊具，循环吊装下一个产品构件。

预制件吊装如图 4－3 所示。

(a) 电缆排管吊装

(b) 电缆井底板吊装

图 4－3　预制件吊装（一）

(c) 电缆井墙板吊装

(d) 电缆沟吊装

图 4-3 预制件吊装（二）

（4）预制件拼装。

1）电缆排管拼装。

（a）对接时应母端固定，公端活动，公端略高于母端时施加横向力，再缓速下降至平行高度，使公端在自重的惯性下导入母端。

（b）对接完毕后，检查对接的平整度达标后使用泡沫剂将对接封予以密封，循环安装至指定位置。

（c）覆土时应两侧对称覆土，两侧覆土高差≤50cm。土方回填工艺要求已在本书 1.6 小节详细介绍，这里不再赘述。

预制电缆排管拼装完成如图 4-4 所示。

图 4-4 预制电缆排管拼装完成

2）电缆井拼装。

（a）安装时应遵循：底板—井身（分体式预制井身的按：短边侧板—相邻长边侧板—短边侧板—长边侧板）—压顶/上覆盖板—上部结构的顺序安装。

（b）底板安装时应检查平整度、与排管距离（确保排管接入，但露出长度≤5cm）、电缆进出口轴线偏移（对应管沟偏移≤5cm）等达标后拆除吊具。

（c）井身安装时应确保吊装的垂直度，在底板、分体式预制井身相邻侧板对接处涂抹专用砂浆，符合要求后匀速、缓慢吊至指定位置，完成拼装（分体式预制井身应设置临时支撑）。

（d）压顶/上覆盖板等上部结构安装时应确定侧板的稳定性、安装尺寸，合格后匀速、缓慢吊至指定位置，完成拼装。

（e）拼装完成后，清理残余露出砂浆，采用泡沫剂填充安装间隙，表面黑色结构胶封面，四周局部覆土，确保稳定性后，拆除临时支撑。

（f）覆土时应两侧对称覆土，两侧覆土高差≤50cm。土方回填工艺要求已在本书3.8小节详细介绍，这里不再赘述。

预制电缆井拼装如图 4-5 所示。

3）电缆沟拼装。

（a）检查平整度进出口轴线偏移（对应管沟偏移≤5cm）等达标后拆除吊具。

(a) 预制电缆排管与电缆井拼装

(b) 预制电缆井拼装完成

图 4-5 预制电缆井拼装

（b）拼装完成后，清理残余露出砂浆，采用泡沫剂填充安装间隙，表面黑色结构胶封面，四周局部覆土，确保稳定性后，拆除临时支撑。

（c）覆土时应两侧对称覆土，两侧覆土高差≤50cm。土方回填工艺要求已在本书 3.8 小节详细介绍，这里不再赘述。

预制电缆沟拼装如图 4-6 所示。

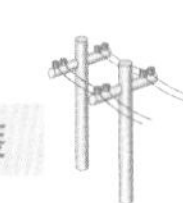

(a) 拼装完成外侧

(b) 拼装完成内侧

(c) 拼装完成效果图

图 4-6　预制电缆沟拼装

5 电缆敷设

本章介绍电缆直埋、在管道内、在支架上、在桥架中敷设的施工关键节点工艺。

5.1 电缆直埋敷设

（1）根据划出电缆路径位置及走向，开挖上大下小的倒梯形电缆沟，挖掘尺寸要保证电缆敷设后的弯曲半径不小于设计或相关规程的规定。

（2）对挖好的沟进行平整，将100mm细砂、细土铺在沟内。

（3）沿沟底放置滑轮，并将电缆放在滑轮上，电缆的牵引端用牵引头或牵引网罩，可采用机械或人工牵引。滑轮的间距以电缆不下垂碰地为原则，牵引速度应小于15m/min。电缆在沟内留有一定的波形余量，多根电缆同沟敷设时，排列整齐。

（4）电缆敷设后向沟内充填不小于100mm的细土或砂。

（5）电缆敷设后沿直埋电缆的细砂层上侧用砖或电缆盖板将电缆盖好，覆盖宽度应超过电缆两侧各5cm，铺设保护板如图5－1所示。

（6）采取特殊换土回填时，回填土的土质应对电缆外护层无腐蚀性。覆土30cm后铺设警示带。

（7）在直线段每隔50～100m处、电缆接头处、转弯处、进入建筑物等处，设置电缆标志桩。

图5-1 铺设保护板

5.2 电缆在管道内敷设

（1）用直径不小于0.85倍管孔内径、长度约600mm的通管器来回疏通清理管道，防止敷设时损伤电缆。

（2）电缆入管前在护套表面涂以润滑剂。

（3）在排管口应套光滑喇叭管，如果电缆盘搁置位置离开工井口有一段距离，则需在工井外和工井内安装滚轮支架组，确保电缆敷设牵引时的弯曲半径，减小牵引时的摩擦阻力，防止损伤电缆外护套。

（4）在电缆牵引端安装专用的拉线网套或牵引头，在牵引端设置防捻器。

（5）张力表安装在设备和锚桩之间，并派专人监视张力表，同时保持通信畅通。

（6）在管道中穿入导引钢丝绳，准备牵引电缆。

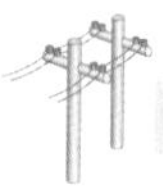

（7）管路较长时需用牵引，一般采用人工和机械牵引相结合的方式敷设电缆。将电缆盘放在工井口，然后借预先穿过管子的钢丝绳将电缆拖拉过管道到另一个工井，牵引电缆如图 5-2 所示。

图 5-2　牵引电缆

（8）从排管口到接头支架之间的一段电缆，借助夹具变成两个相切的圆弧形状，即形成“伸缩弧”。伸缩弧的弯曲半径应不小于电缆允许弯曲半径。

（9）水平敷设≤800mm、垂直敷设≤1500mm 进行电缆固定。

（10）电缆敷设前后应用绝缘电阻表测试电缆护套绝缘电阻，并作好记录，以监视电缆护套在敷设过程中有无受损。

（11）电缆敷设完成后，所有管口应封堵，所有备用孔也应封堵。

（12）工井内电缆应有防火措施，可以涂防火漆、绕包防火带、填沙等，防火要求符合电缆防火封堵标准。

（13）电缆敷设完毕后，在电缆终端头、电缆接头、拐弯处、人井内等地方悬挂标示牌。标示牌上应注明线路编号、电缆型号、规格及起讫地点等。

5.3 电缆在支架上敷设

（1）设备就位，在隧道口、综合管廊入口、桥箱入口、隧道竖井内及隧道内转角处搭建放线架，将电缆盘、牵引机、滚轮等布置在适当的位置。

（2）电缆定位，电缆牵引完毕后，用人力将电缆定位在支架上，垂直敷设或超过45°倾斜敷设的电缆在每个支架上将电缆固定。电缆定位如图 5–3、图 5–4所示。

图 5–3　电缆在平水支架上就位

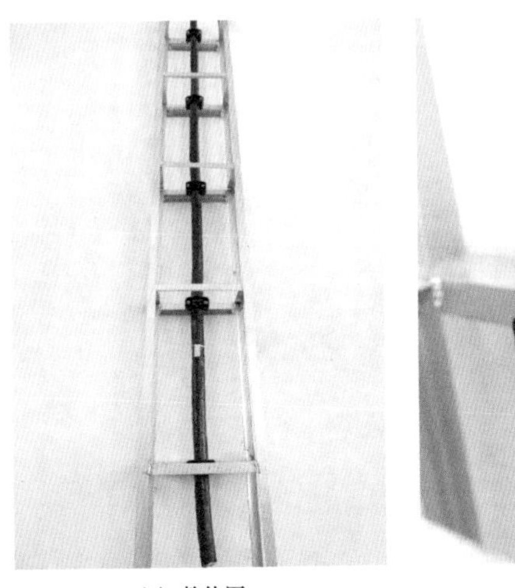

(a) 整体图

(b) 细节图

图 5–4　电缆垂直固定

（3）悬挂电缆标示牌，在电缆终端头、电缆接头、拐弯处、夹层内、隧道及竖井的两端等地方，电缆上应装设标志牌。

5.4 电缆在桥架中敷设

（1）施放电缆，较细的电缆可直接电缆从电缆盘上放线，粗重电缆采用放线架放线。

（2）桥架内电缆敷设，电缆敷设可以采用人力拉引敷设或机械牵引敷设，敷设电缆如图 5-5 所示。

(a) 直线处

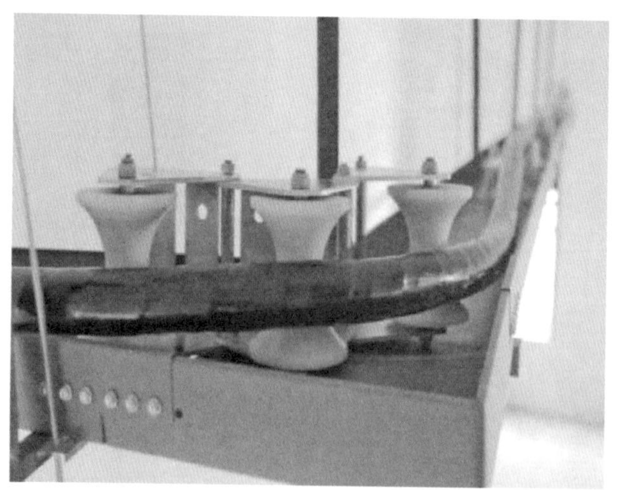

(b) 转角处

图 5-5 电缆在桥架中敷设

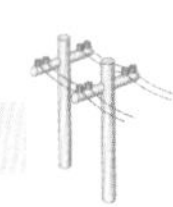

（3）防火封堵，电缆穿越防火墙及防火楼板时要做封闭处理，用泡沫石棉、矿棉或防火泥等防火材料进行封堵。

（4）电缆固定，垂直敷设的电缆每隔 1500mm 加以固定；水平敷设的电缆在电缆的首尾、转弯及每隔 5～10m 处进行固定。

（5）悬挂标示牌，在电缆终端头、电缆接头、拐弯处等地方，电缆上应装设标志牌。

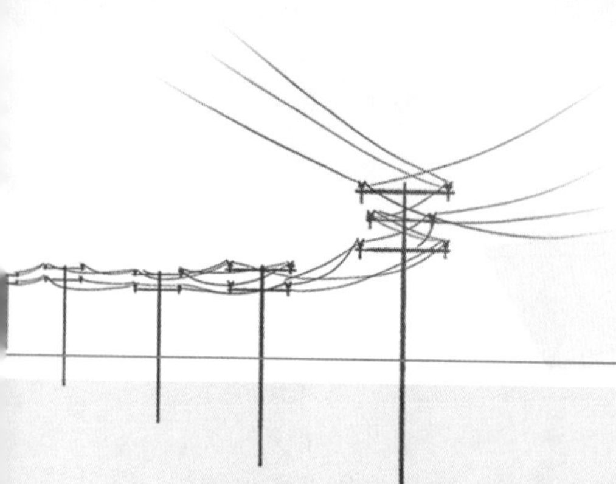

6

10kV 电缆终端头制作

本章介绍 10kV 冷缩式电力电缆终端头、10kV 热缩式电力电缆终端头、10kV 可触摸电力电缆分离连接器、10kV 预制式电力电缆终端头制作的施工工艺和要求，不同生产厂家的附件安装工艺尺寸略有不同，本图集所介绍的步骤、尺寸仅供参考。施工前仔细阅读厂家的制作安装说明书，确认附件安装工序、尺寸等。

6.1 10kV 冷缩式电力电缆终端头制作安装

6.1.1 电缆预处理

（1）根据安装说明书要求尺寸剥去外护套，留下要求尺寸的钢带，其余剥去，去除保留钢带表面的氧化层和油漆。保留要求尺寸的内护套，其余剥去。用 PVC 带临时包扎每相端头铜屏蔽，避免松散。剥去填充物，三相分开。各层根据安装说明书要求尺寸剥切后如图 6-1 所示。

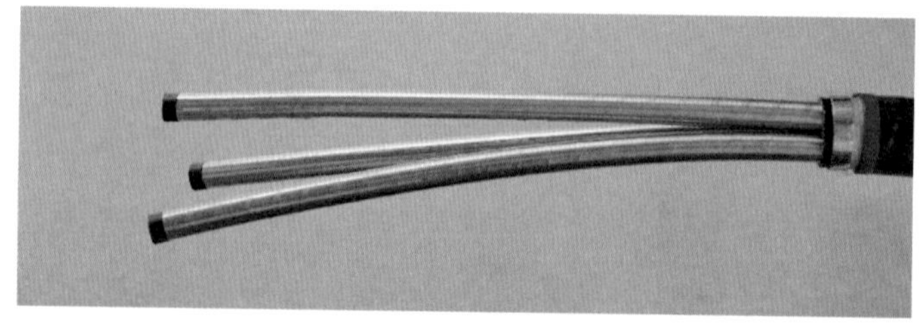

图 6-1 根据附件要求剥切各层

（2）清理护套剥开处往下 50mm 长外护套表面的污垢，然后均匀绕一层填充胶，用恒力弹簧将 10mm^2 铜编织线（较细的那根）卡在钢带上，包紧压平，并用 PVC 带包绕恒力弹簧及钢带，再用 PVC 带外绕包一层填充胶。

（3）将另一根铜编织线接到电缆铜屏蔽上，编织线末端翻卷 2～3 卷后插入三芯电缆分岔处并楔入分岔底部，绕包三相铜屏蔽一周（每相绕包一周），尽可能靠近根部，然后引出。用恒力弹簧将铜编织线卡紧在电缆铜屏蔽层上，包紧压平。

（4）将两根接地线分别按在填充胶上，尽量使编织带嵌入填充胶内，再在原填充胶上面绕 2 层填充胶至编织线与铜屏蔽层连接处，形成防水密封口。两条编织线位置错开（相隔大于 90° 角为佳，相互绝缘，请勿短接）。

（5）在填充胶外绕一层灰色硅橡胶带，套入冷缩三指套，尽量往下，逆时针抽去支撑条收缩。然后套入冷缩绝缘管，绝缘管与指套指端搭接 20～30mm，逆时针抽去支撑条收缩，收缩固定绝缘管如图 6–2 所示。

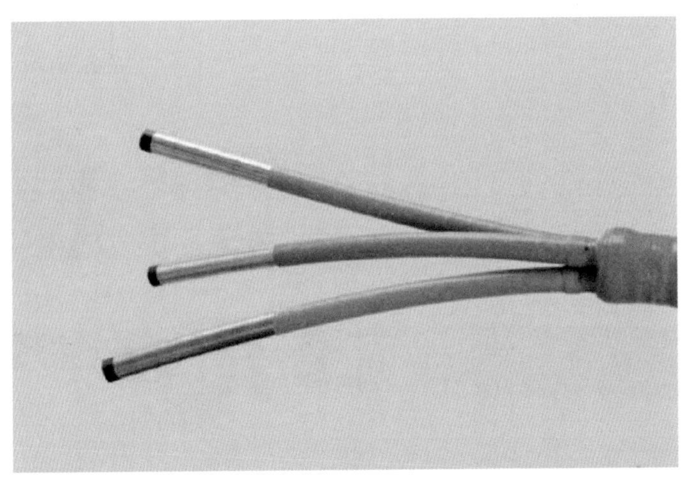

图 6–2 收缩固定冷缩绝缘管

6.1.2 冷缩附件安装

（1）根据安装说明书要求尺寸，分别剥切三相线芯多余的冷缩绝缘管，以及铜屏蔽层、外半导电层。切割时，不得损伤铜屏蔽层、外半导电层和绝缘层。外半导电层剥除时在根部横向剥除如图 6–3 所示。

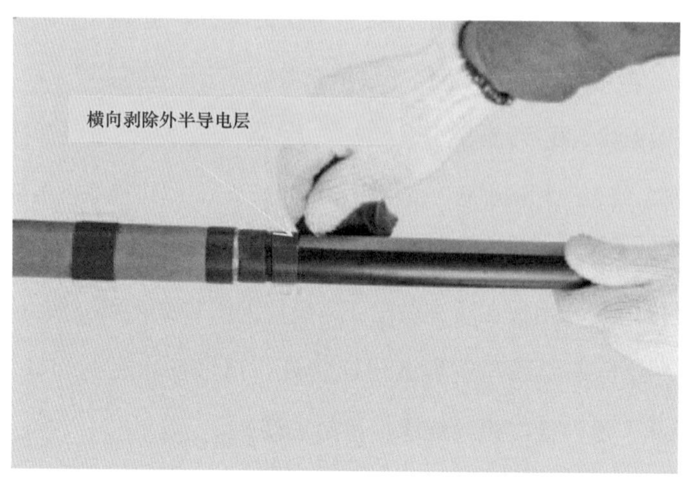

图 6-3　切除附件要求尺寸的外半导电层

（2）在铜屏蔽上绕约 1～2mm 厚的半导电带，并用少量半导电带将铜屏蔽带与外半导电层的台阶覆盖住。半导电层末端用刀具倒角，倒角示意图如图 6-4 所示，使半导电层与绝缘层平滑过渡。

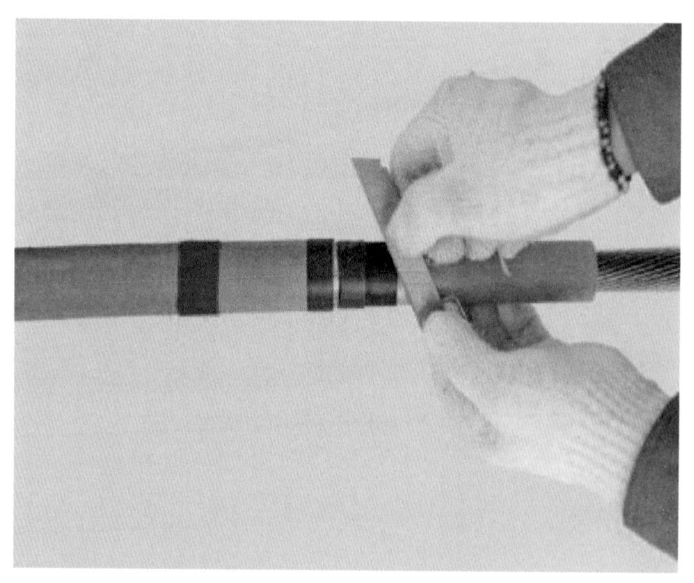

图 6-4　外半导电层断口倒角

（3）用砂纸打磨绝缘层表面，将刀痕和半导电层残留颗粒全部清理干净，用 PVC 胶带根据安装说明书要求尺寸做好安装限位线，制作安装限位线如图 6-5 所示。校核压接端子是否能够穿过冷缩终端支撑管的内孔。若接线端子无法穿过，先将冷缩终端套在电缆上再压接线端子。用压钳压接线端子，并用砂纸去除压接产生的棱角和毛刺。

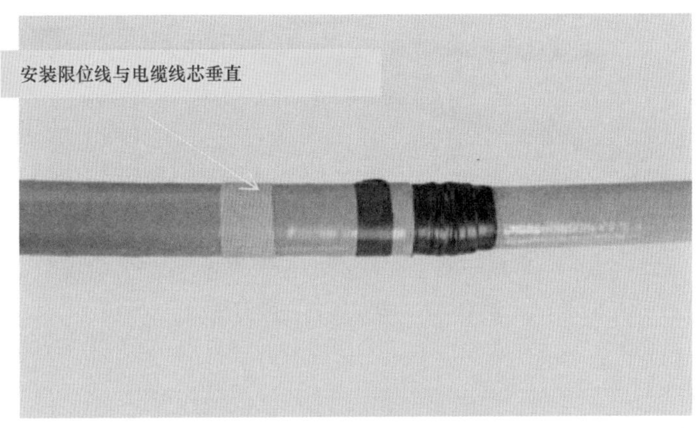

图 6–5 制作安装限位线

（4）在接线端子压接处绕密封胶，填平接线端子与电缆绝缘之间的空隙，在密封胶外绕一层硅橡胶带；用清洁巾清洗电缆绝缘表面，从压接端子端擦向外半导电层端，不要反向，以避免将半导电层颗粒带到绝缘层表面，清洁绝缘层表面如图 6–6 所示。待清洗剂挥发后，将硅脂均匀地涂在绝缘层表面，套上冷缩终端，注意方向，有应力锥一端（较粗一端）向下，冷缩终端的末端对准安装限位线，抽去支撑条。确定相位后，在终端末端绕包相色带加强密封，电缆终端头安装完成如图 6–7 所示。

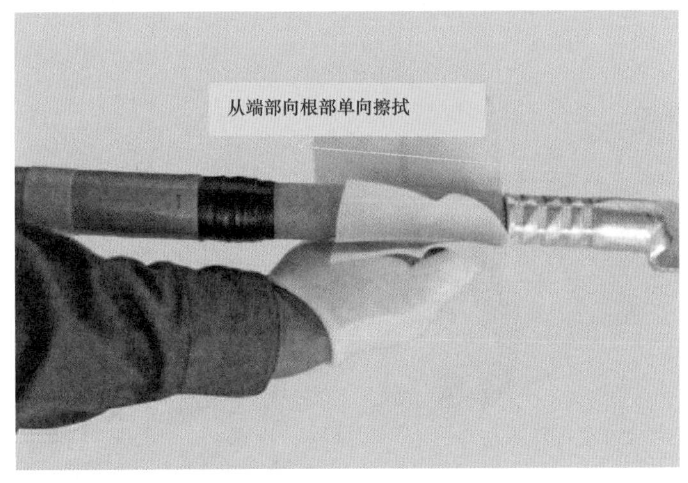

图 6–6 清洁绝缘层表面

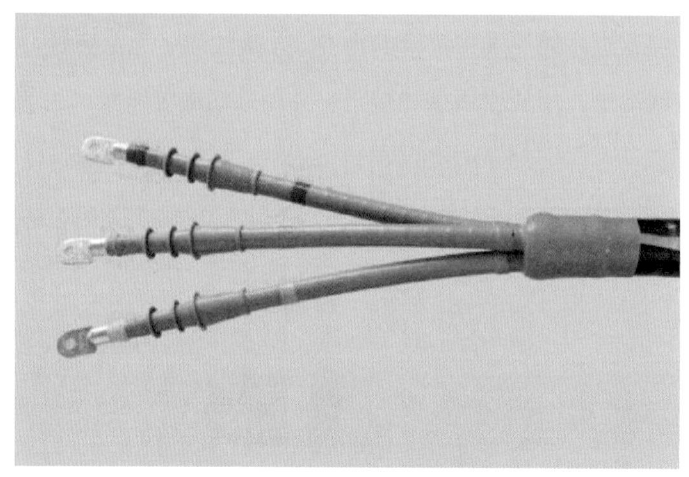

图 6-7　电缆终端安装完成

6.2　10kV 热缩式电力电缆终端头制作安装

6.2.1　电缆预处理

（1）根据安装说明书要求长度剥去外护套，也可根据实际现场情况适当增减。留下附件安装要求长度的钢铠，其余剥去，去除留下钢铠表面的氧化层和油漆，留附件安装要求长度的内护套，其余剥去，用 PVC 带包扎每相端头铜屏蔽，剥去填充物，三相分开。各层环切面要求平直无毛刺，环切面如图 6-8 所示。

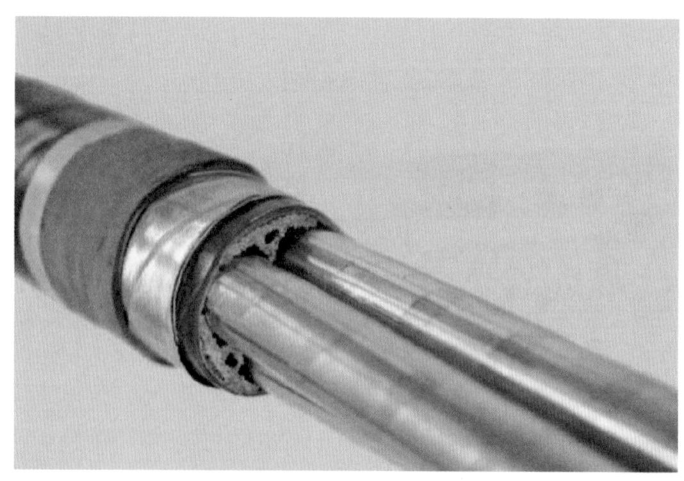

图 6-8　各层环切面平直无毛刺

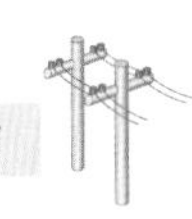

（2）擦去剥开处往下附件要求尺寸外护套表面的污垢，在附件要求尺寸处均匀绕一层填充胶。用恒力弹簧将铜编织线（较细的那根）卡在钢铠上，钢铠接地线安装后如图 6－9 所示。用 PVC 带包好恒力弹簧及钢铠，然后在 PVC 带外绕一层填充胶。

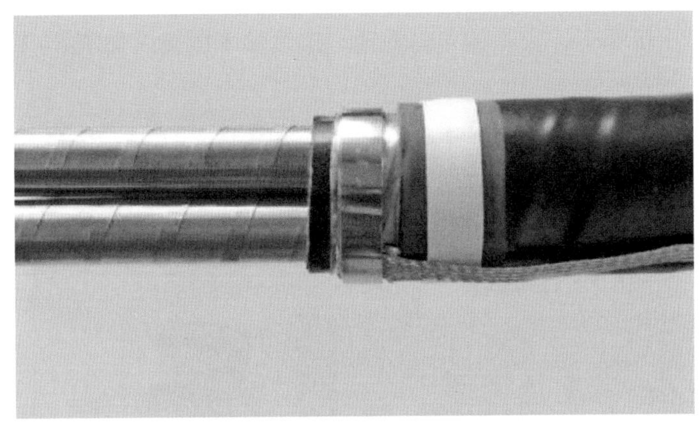

图 6－9　钢铠接地线安装后

（3）将另一根铜编织线接到铜屏蔽层上（编织线末端翻卷 2～3 卷后插入三芯电缆分岔处并楔入分岔底部，绕包三相铜屏蔽一周后引出压在去除油漆和氧化层的钢铠上。）用恒力弹簧卡紧编织线，铜屏蔽接地线安装后如图 6－10 所示。

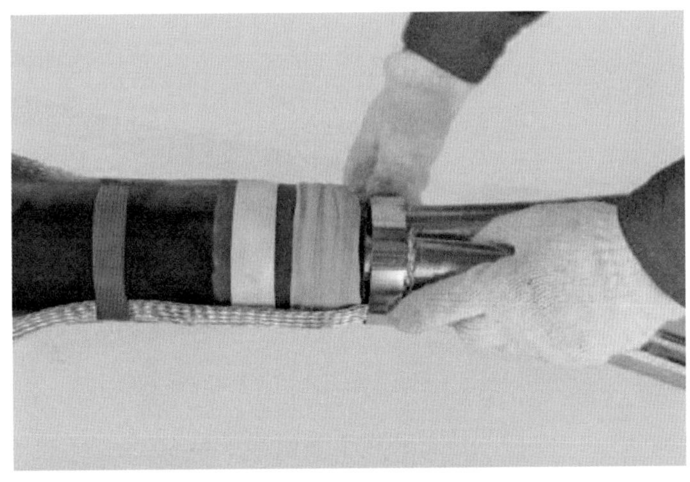

图 6－10　铜屏蔽接地线安装后

（4）将两根编织线分别按在填充胶上，两条编织线之间必须用绝缘分开，安装时错开 90° 以上，再在上面绕两层填充胶至编织线与铜屏蔽层连接处。

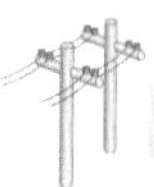

（5）套入三指套，尽量往下，加热收缩，加热固定三指套如图 6－11 所示。从分支套指端向上留附件要求尺寸的铜屏蔽，其余切去；剥除要求的铜屏蔽后如图 6－12 所示，再向上留附件安装要求长度的半导电层，其余剥去，剥除要求的外半导电层后如图 6－13 所示。绝缘层顶端切除长度 L＝端子孔深＋5mm 的绝缘层，切除要求的绝缘层后如图 6－14 所示。压接端子，去除棱角与毛刺，接线端子压接后如图 6－15 所示。

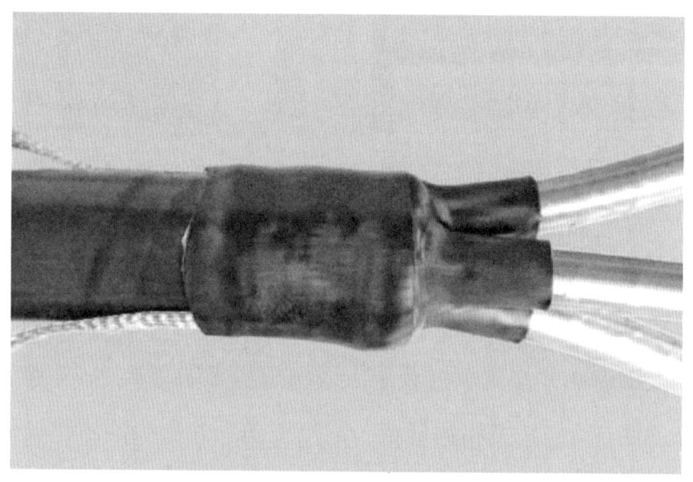

图 6－11 加热收缩固定三指套

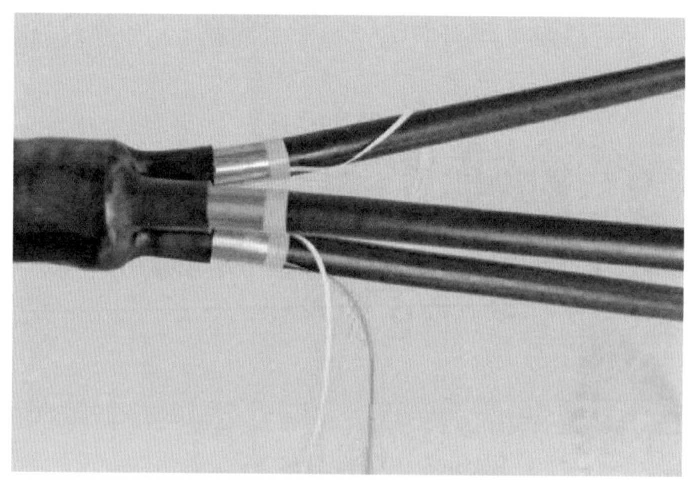

图 6－12 剥除要求的铜屏蔽后

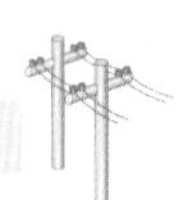

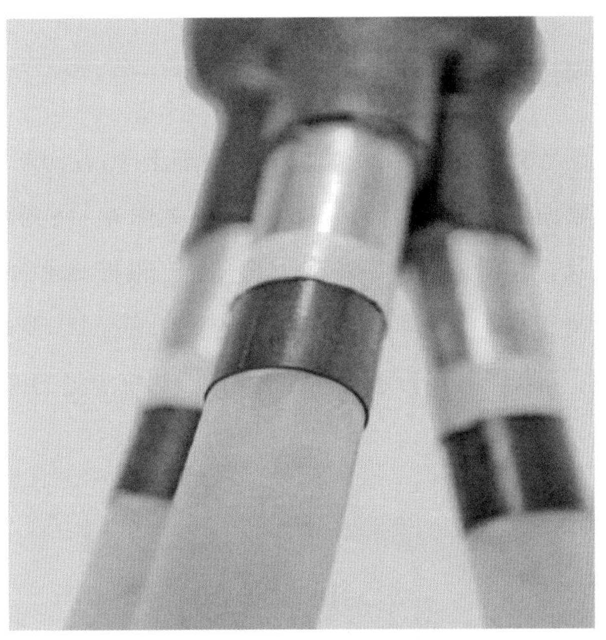

图 6-13 剥除要求的外半导电层后

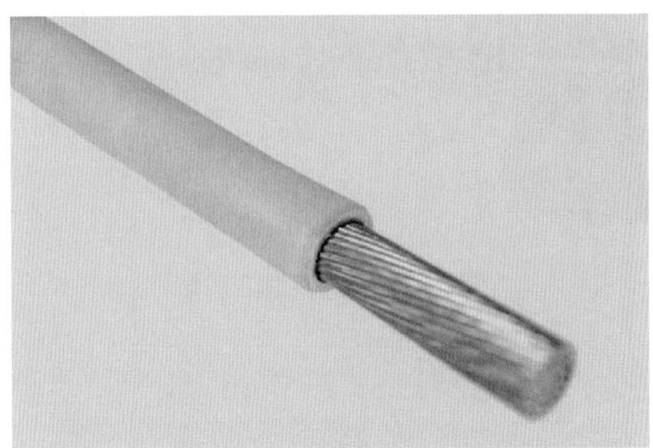

图 6-14 切除要求的绝缘层后

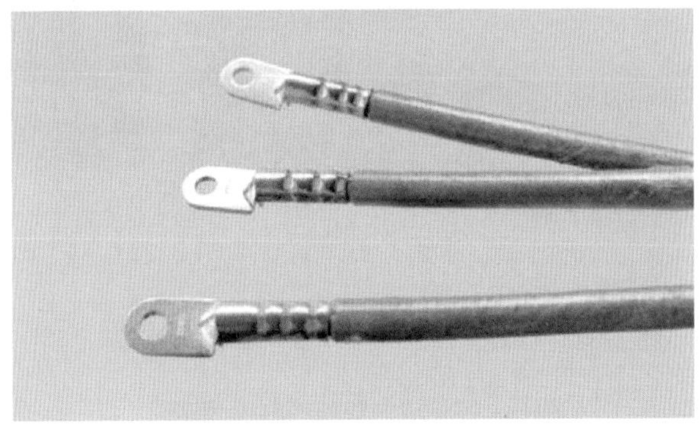

图 6-15 接线端子压接后

6.2.2　热缩附件安装

（1）用砂纸打磨绝缘层表面，将绝缘层表面清理干净，用分析纯酒精或丙酮（清洁巾）将电缆绝缘表面清洗干净，清洁绝缘层表面如图 6－16 所示，待清洗剂挥发后，将硅脂均匀地涂在绝缘层表面。将应力管套上，根据要求的尺寸搭接铜屏蔽，均匀加热收缩，应力管加热收缩固定后图如图 6－17 所示。（要求应力管覆盖绝缘层的长度为 80mm）。清洁应力管表面。在应力管端部绕少量的密封胶。

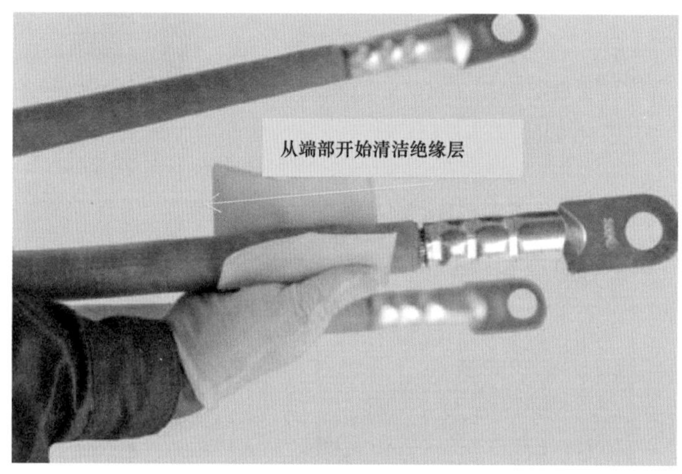

图 6－16　清洁绝缘层表面

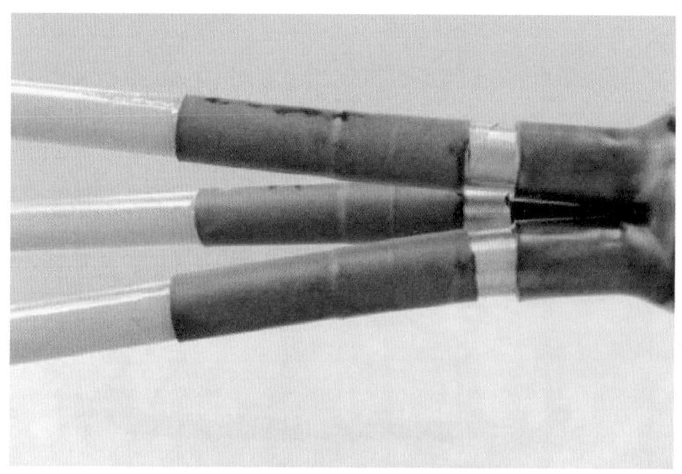

图 6－17　应力管加热收缩固定后

（2）用密封胶绕包接线端子上的压坑及端子与绝缘之间的空隙，套入绝缘管至三指套（至少搭接 20mm）。由下往上环绕均匀加热收缩，套入相色管，密封管，加热收缩，密封管和相色管加热收缩固定后如图 6－18 所示。至此热缩户内终端头制作安装完毕。

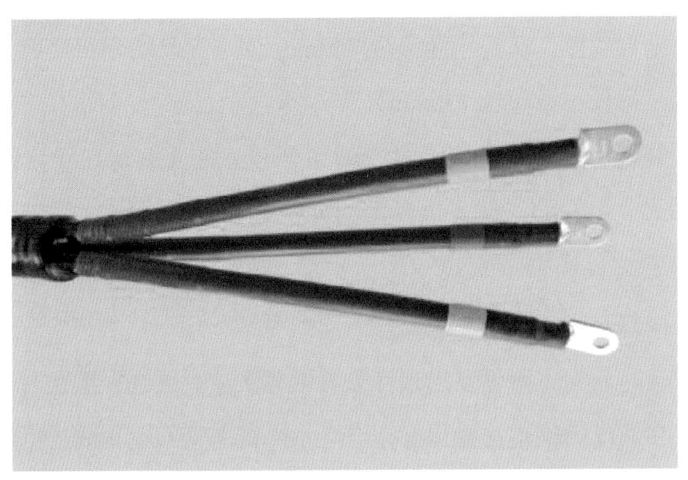

图 6－18　相色管加热收缩固定后（热缩户内终端头制作完毕）

（3）清洗绝缘管表面，套入三孔雨裙，加热固定，再套入单孔雨裙，雨裙之间间距 100mm，加热收缩，雨裙加热固定后如图 6－19 所示。至此热缩户外终端头制作安装完毕。

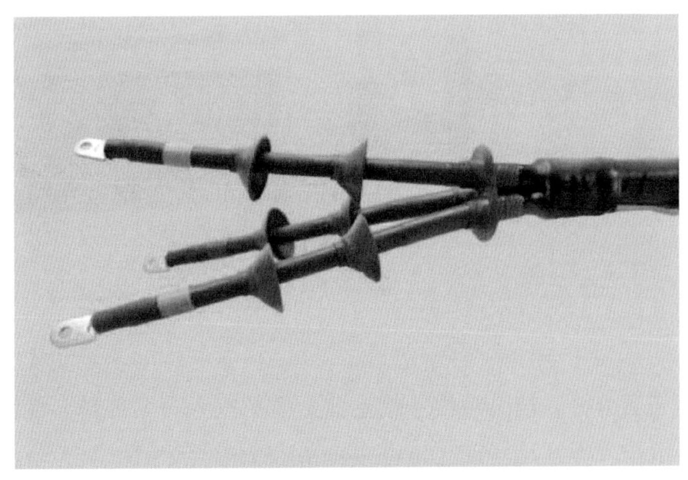

图 6－19　雨裙加热固定后（热缩户外终端头制作完毕）

6.3 10kV 可触摸电力电缆分离连接器制作安装

6.3.1 三芯电缆预处理

（1）将电缆垂直放置，在距电缆终端 750mm 处进行剥切分相处理（剥切尺寸按设备内部空间决定，最长不得超过 750mm）。

（2）根据安装说明书要求的尺寸进行剥切分相处理（剥切尺寸按设备内部空间决定，最长不得超过 750mm）。切去该段内的外护套和钢铠层。

（3）向上留安装说明书要求尺寸的内护层，剥除多余的内护层及填充物，用 PVC 胶带绕包铜屏蔽端部。

（4）在外护套断面向下附件要求尺寸处打毛外护套，缠绕一圈密封胶，将铜编织线与已去除氧化层和油漆的钢铠接触良好，用恒力弹簧卡紧铜编织线，铠装接地线安装后如图 6-20 所示。在恒力弹簧上包绕 PVC 带，缠绕密封胶包住铜编织地线，做好防水处理。

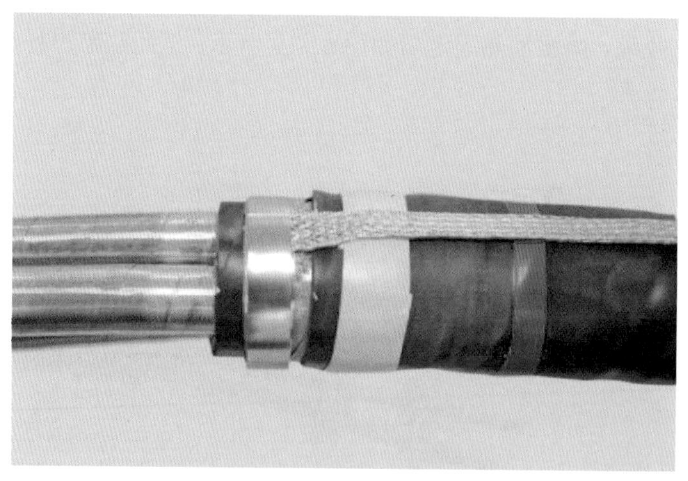

图 6-20 铠装接地线安装后

（5）将电缆三叉分开，铜编织线一端卷曲一匝后楔入分岔底部，将铜编织线绕包三相铜屏蔽一周后引出，安装铜屏蔽接地线如图 6-21 所示。用恒力弹簧将铜编织线卡紧固定。

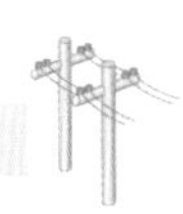

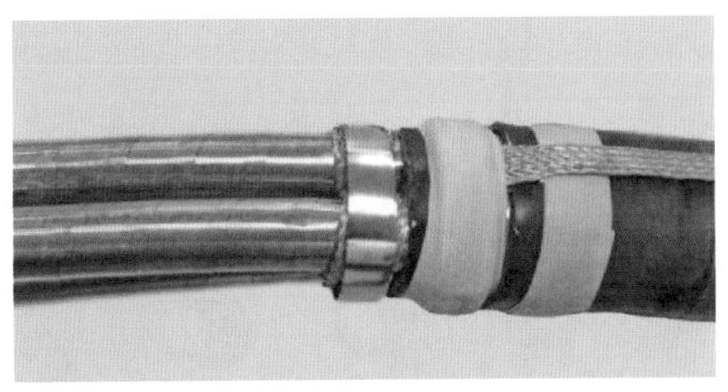

图 6－21 铜屏蔽接地线安装后

（6）套入冷缩三指套，尽量往下，逆时针抽去支撑条收缩。

（7）套入冷缩绝缘管，绝缘管与支套指端搭接 20～30mm，逆时针抽去支撑条收缩。

（8）在电缆端部剥去安装说明书要求尺寸的绝缘管，留要求尺寸的铜屏蔽，从电缆端部开始剥去要求尺寸的半导电层，电缆端切去要求尺寸的主绝缘层，按要求尺寸切除后如图 6－22 所示，将绝缘层断口处和半导电层断口处倒 45° 角。

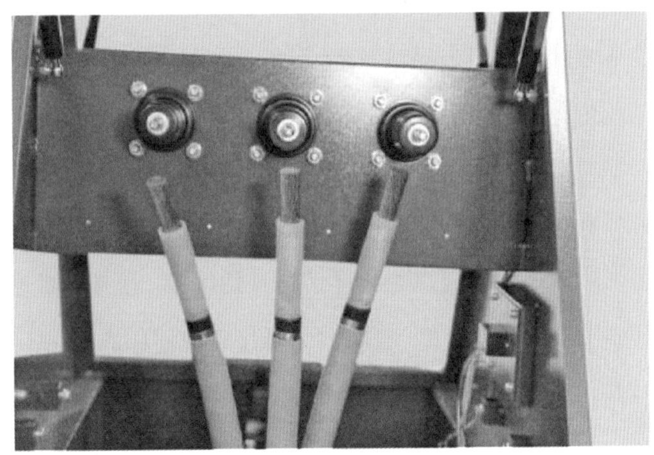

图 6－22 按要求尺寸切除后

6.3.2 附件安装（T 型前插头）

（1）使用半导电胶带距离电缆半导电环切端口根据安装说明书要求的尺寸处，绕包一个宽约 15mm，厚度约 3mm 的台阶。

（2）用砂纸和清洁巾仔细清洁绝缘层，去除所有的杂质和黑色半导电材料。

（3）等清洁剂挥发后，在绝缘层和应力锥内层均匀地抹上硅脂。

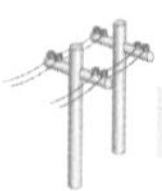

（4）将应力锥推入电缆，注意方向，深色部分在前，直到应力锥内部台阶抵在半导电带台阶处（会明显感觉到阻力增加），应力锥安装到位如图 6-23 所示。

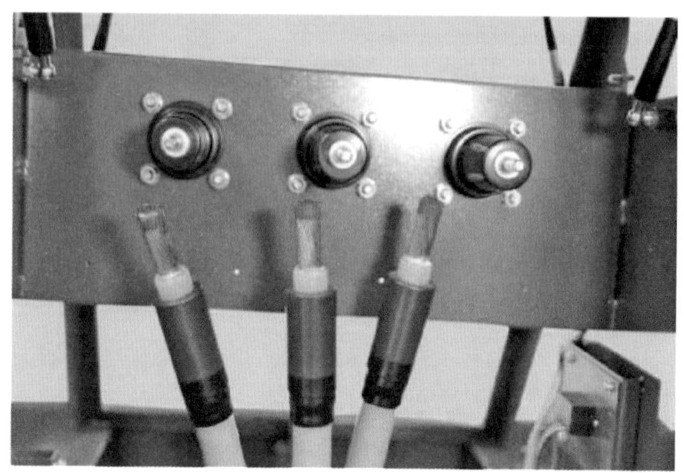

图 6-23 应力锥安装到位

（5）校核应力锥位置，此时，应力锥末端距离电缆末端的尺寸根据安装说明书要求。

（6）在应力锥末端绕包两层半导电胶带，进一步固定应力锥并加强密封。

（7）在半导电胶带外按照相序绕包一层相应颜色的 PVC 胶带，完全覆盖半导电胶带。

（8）将导体尽可能深地套入压接端子。压接时保持铜端子的端面与套管端面平行。

（9）从压接端子靠近顶部向电缆绝缘环切口开始压接。压接道数应尽可能多（根据压钳模具的宽窄至少压接 2 道以上），接线端子压接完成后如图 6-24 所示。

（10）用清洁巾清洁应力锥外表面和 T 型前插头的电缆界面。等清洁剂挥发后，再均匀地抹上硅脂。

（11）将 T 型前插头尽可能地推入应力锥，确保从 T 型前插头的界面可以看到压接端子的顶部，T 型前插头安装到位示意图如图 6-25 所示。

（12）用螺丝刀将双头螺栓拧入套管，安装扭矩按照说明书要求。

（13）用清洁巾清洁套管和 T 型插头界面，等清洁剂挥发后，再均匀地抹上硅脂。

（14）将 T 型前插头推入套管，同时，双头螺栓穿过压接端子，T 型前插头推入套管示意图如图 6-26 所示。

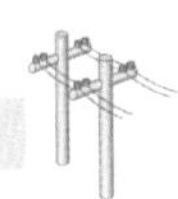

图 6-24 接线端子压接完成后

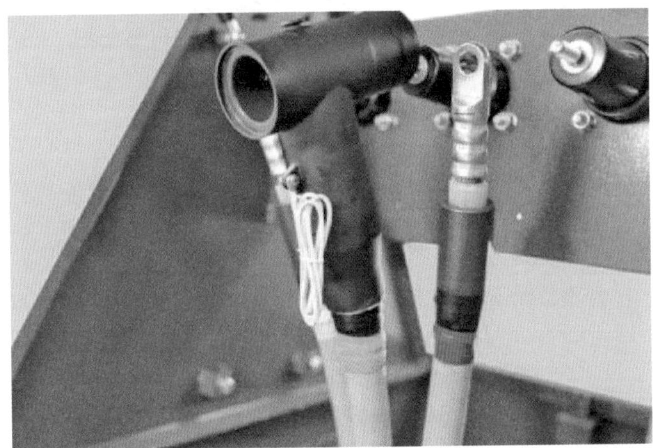

图 6-25 T 型前插头安装到位

图 6-26 T 型前插头推入套管

（15）先放入平垫圈，弹簧垫圈，拧入六角螺母，使用专用扳手上紧螺母，扭矩按照安装说明书的要求，拧紧 T 型前插头如图 6－27 所示。

图 6－27 拧紧 T 型前插头

（16）三芯电缆完成三相安装后再次紧固六角螺母，消除由于其他相安装时拖动电缆引起的螺纹松动。

（17）用清洁巾清洁绝缘堵头和 T 型前插头界面，等清洁剂挥发后，再均匀地抹上硅脂。

（18）将绝缘堵头推入 T 型前插头，并旋入螺纹，堵头安装完毕如图 6－28 所示。

图 6－28 堵头安装完毕

（19）用专用扳手，以安装说明书要求的力矩拧紧绝缘堵头。

（20）清洁橡胶帽的内表面。

（21）将橡胶帽扣在绝缘堵头上推入到位，橡胶帽安装完成如图 6－29 所示。

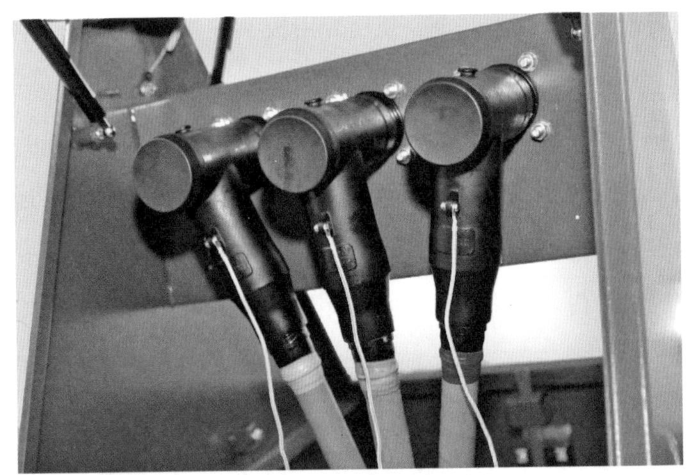

图 6－29 橡胶帽安装完成

（22）将接地线（T 头黄绿线和电缆处编织接地线）接入接地系统，安装接地线示意图如图 6－30 所示。

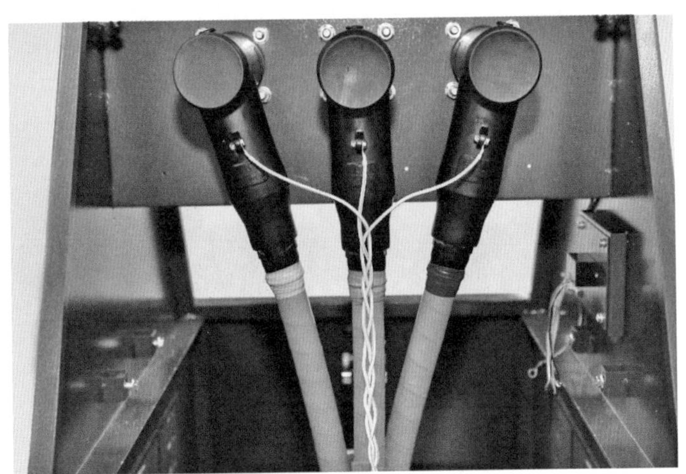

图 6－30 安装好接地线

（23）在绕包带下固定电缆缆芯（至此 T 型前插头安装完毕）。

6.3.3 附件安装（T 型后插头）

（1）按照“6.3.1 三芯电缆预处理”和“6.3.2 附件安装（T 型前插头）（1）～（11）”的步骤，将电缆装入 T 型后插头。

（2）用清洁巾清洁 T 型后插头的套管界面。等清洁剂挥发后，再均匀地抹上硅脂。

（3）将 T 型后插头推入螺纹导电杆和 T 型前插头。

（4）依次放入平垫圈、弹簧垫圈，使用专用扳手拧入六角螺母，扭矩按照安装说明书要求。

（5）完成三相安装后再次紧固六角螺母，消除由于电缆拖动引起的螺纹松动。

（6）用清洁巾清洁尾塞和后 T 头界面，等清洁剂挥发后，再均匀地抹上硅脂。

（7）将尾塞推入 T 型后插头，使用专用扳手扭紧尾塞，扭矩按照安装说明书要求。

（8）清洁橡胶帽的内表面将橡胶帽扣在尾塞上推入到位。

（9）按照“6.3.2 附件安装（T 型前插头）（22）”的步骤，将接地线接入接地系统。将接地线接入接地系统。接地线接入接地系统如图 6－31 所示。

图 6－31 接地线接入接地系统

6.4 10kV 预制式电力电缆终端头制作安装

6.4.1 电缆预处理

（1）剥去安装说明书要求尺寸外护套，具体可根据实际现场情况确定。

（2）留下安装说明书要求尺寸钢铠，其余剥去，去除留下钢铠表面的氧化层和油漆。

（3）保留安装说明书要求尺寸内护套，其余剥去，用 PVC 带包扎每相端头铜屏蔽，剥去填充物，三相分开，根据要求尺寸去除各层后环切面如图 6－32 所示。

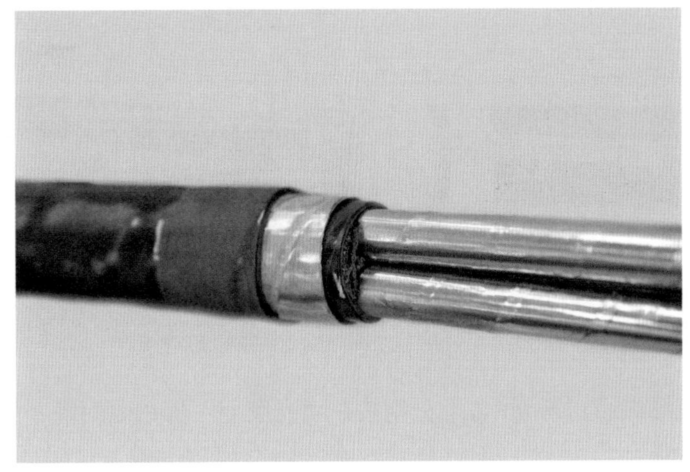

图 6－32 根据要求尺寸去除各层后环切面

（4）擦去剥开处往下安装说明书要求尺寸外护套表面的污垢，在要求尺寸处均匀绕一层填充胶。

（5）用恒力弹簧将铜编织线（较细的那根）卡在钢带上，钢铠接地线安装后如图 6－33 所示，用 PVC 带包好恒力弹簧及钢带，再在 PVC 带外绕一层填充胶。

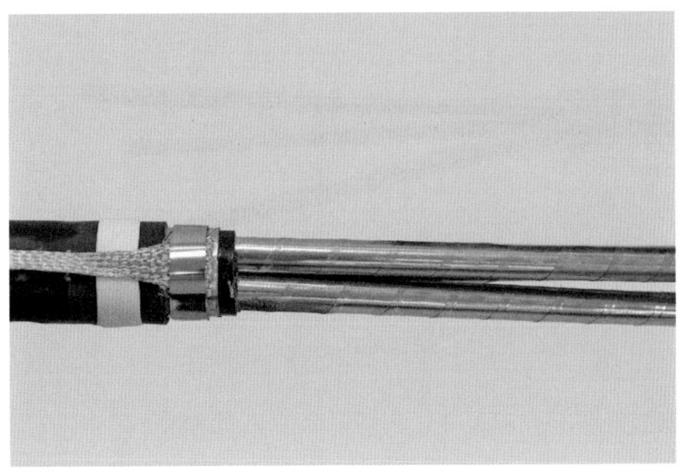

图 6－33 钢铠接地线安装后

（6）将另一根铜编织线接到铜屏蔽层上（编织线末端翻卷 2～3 卷后插入三芯电缆分岔处并楔入分岔底部，绕包三相铜屏蔽一周后引出），用恒力弹簧卡紧编织线，铜屏

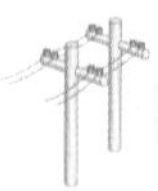

蔽接地线安装后如图 6－34 所示。

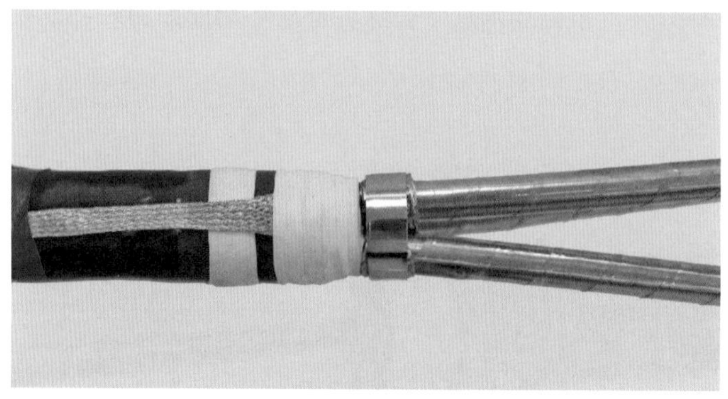

图 6－34 用恒力弹簧固定铜屏蔽接地线

（7）将两根编织线错开 90°以上分别按在填充胶上，再在上面绕 2 层填充胶至编织线与铜屏蔽连接处。

（8）在填充胶外绕一层绝缘自粘带。

（9）套入热缩三指套，尽量往下，加热收缩，然后套入绝缘管，绝缘管与三指套指端搭接 20～30mm，加热收缩，热缩件加热收缩固定如图 6－35 所示。

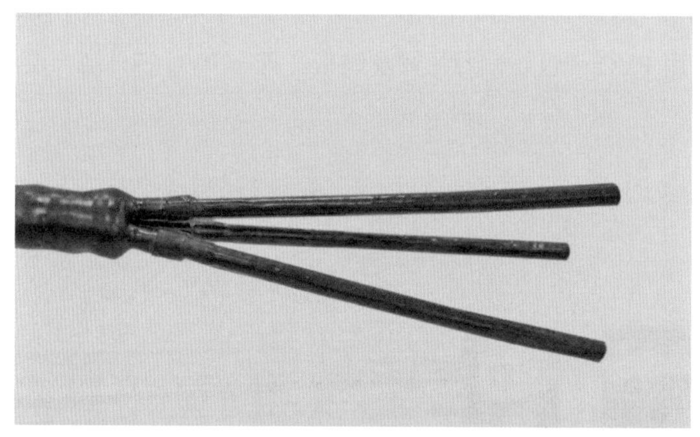

图 6－35 热缩件加热收缩固定

（10）根据安装说明书要求尺寸，剥切多余的热缩绝缘管。

（11）根据安装说明书要求尺寸，剥切铜屏蔽层、半导电层。

（12）根据安装说明书要求尺寸，切除各相绝缘，并在线芯端头套上塑料套或用 PVC 带作临时包扎。

（13）根据相位，在热缩管适当位置加热相色管作相位标识。

（14）绕包半导电带，包去 3mm 半导电层、20mm 铜屏蔽和 10mm 的绝缘管，绕成厚度为 3mm 圆柱体，绕包半导电带圆柱体如图 6-36 所示。

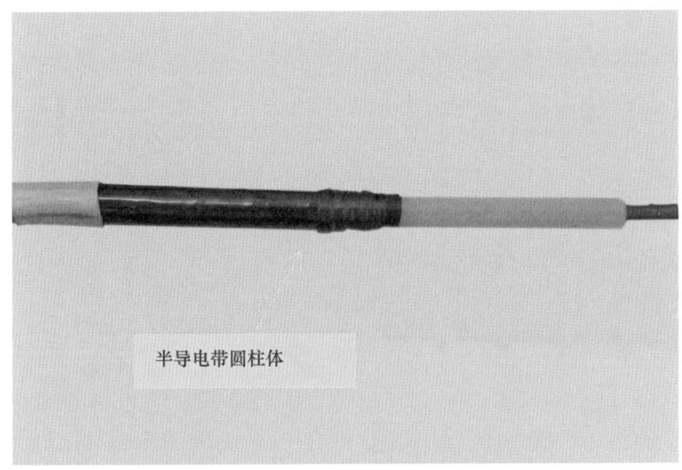

图 6-36　绕包半导电带圆柱体

（15）根据安装说明书要求尺寸，用 PVC 带做好安装限位线。

（16）用细砂纸打磨绝缘层表面，用分析纯酒精或丙酮（清洁巾）将电缆绝缘表面清洗干净，待清洗剂挥发后，将硅脂均匀地涂在绝缘层表面。

6.4.2　附件安装

（1）将终端内层抹一层硅脂，一手堵住预制件末端，防止漏气，用力将预制件套入电缆，直至达到安装限位线，预制件安装到位如图 6-37 所示。抹去多余的硅脂，用尼龙扎带将尾部扎紧，剪去多余的扎带。

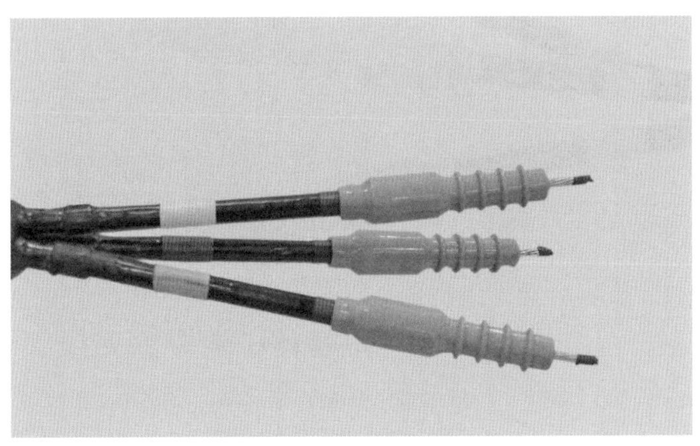

图 6-37　预制件安装到位

（2）去掉线芯端部的 PVC 带或塑料套，清洁线芯后套入端子，用手顶紧端子，使端子底部压紧预制件顶部的橡胶，然后用压钳将端子压紧，接线端子压接完成示意图如图 6－38 所示。

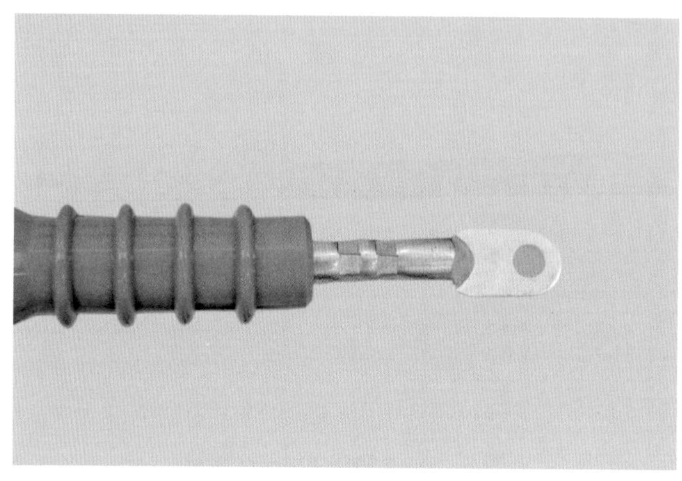

图 6－38 接线端子压接完成

（3）去除棱角和毛刺，将其余两相终端装好。

（4）在接线端子压接处绕防水胶带，并与终端搭接 30mm 左右。

（5）套上冷缩密封管，抽取支撑条，使密封管收缩在防水胶带绕包处，密封管安装完成如图 6－39 所示。

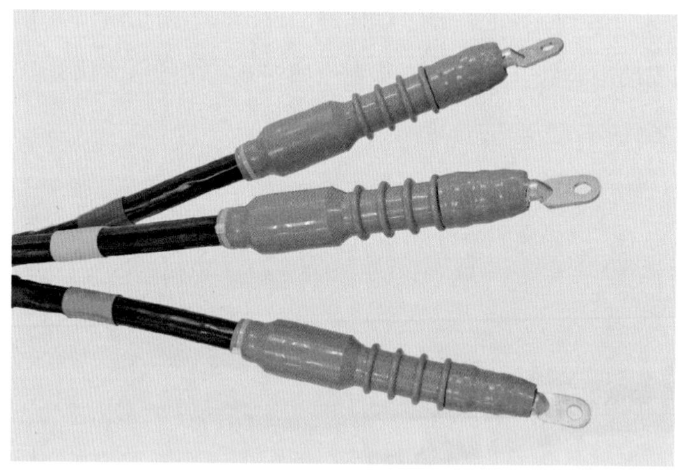

图 6－39 密封管安装完成

7 10kV 电缆中间接头制作

本章介绍10kV冷缩式电力电缆中间接头、10kV热缩式电力电缆中间接头制作的施工工艺和要求，不同生产厂家的附件安装工艺尺寸略有不同，本图集所介绍的步骤、尺寸仅供参考。施工前仔细阅读厂家的制作安装说明书，确认附件安装工序、尺寸等。

7.1 10kV 冷缩式电力电缆中间接头制作安装

7.1.1 电缆预处理

（1）两根待接电缆两端校直、锯齐。根据安装说明书所示尺寸将电缆剥开处理，开剥处理后如图7-1所示。锉光剩余铠装表面，清理外护套表面，并将剥切口以下50～100mm外护套及内护套打磨粗糙，防止铜屏蔽散开，在其断口处缠绕2层PVC带保护。

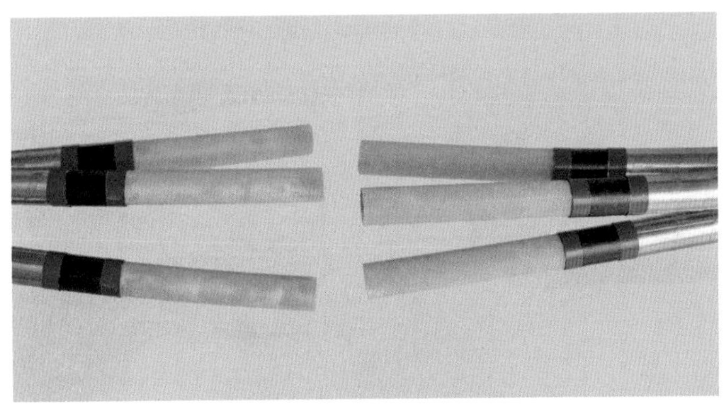

图7-1 开剥处理后

（2）按 E = 1/2 连接管长 + 3mm 切去绝缘层，绝缘层切除后如图 7－2 所示。半导电层末端用刀具倒角，使半导电层与绝缘层平滑过渡，外半导电层断口倒角如图 7－3 所示。用细砂纸打磨绝缘层表面，以除去刀痕及残留的半导电颗粒，在剥开较长的一端装入冷缩接头主体，较短的一端套入铜网，装套冷缩接头主体和铜网如图 7－4 所示。

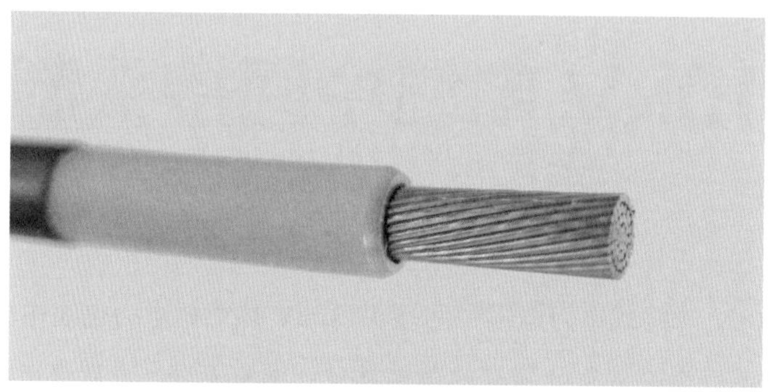

图 7－2　绝缘层切除后

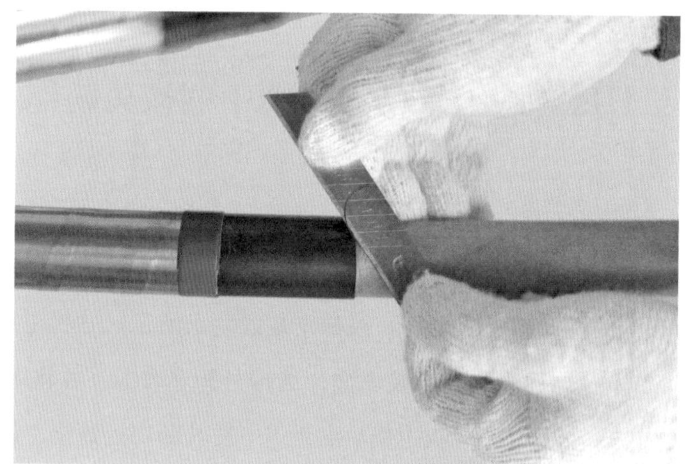

图 7－3　外半导电层断口倒角

图 7－4　电缆两端套入附件

（3）装上连接管，进行压接，连接管压接完成如图 7－5 所示。锉平压接产生的棱角、毛刺，清洗金属细粒，测量绝缘端口之间的尺寸 L，然后根据 L 的一半，确定中心点 B，确定中心点如图 7－6 所示。从中心点 B 量 300mm 在较短电缆一边的铜屏蔽上找尺寸校验点 C，找尺寸校验点 C 如图 7－7 所示。用清洁巾清洁绝缘层表面，清洁绝缘层表面如图 7－8 所示。注意清洁巾应从连接管方向抹向半导电层，请勿反复使用，以避免将半导电颗粒带到绝缘表面。待清洁剂挥发干后在绝缘层上均匀抹一层硅脂。

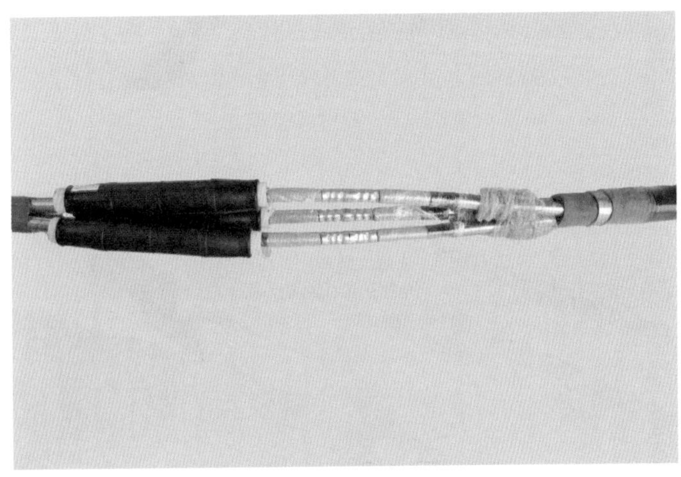

图 7－5　连接管压接完成

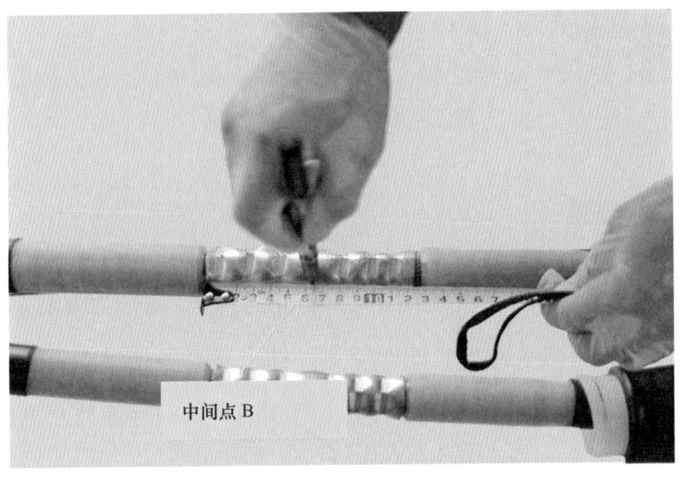

图 7－6　确定中间点 B

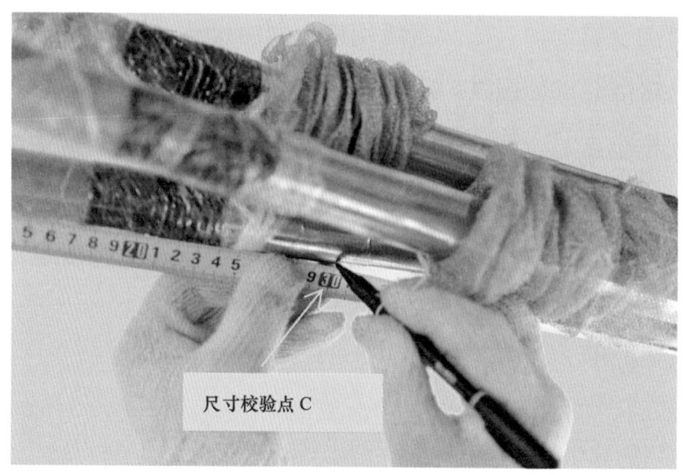

图 7-7 尺寸校验点 C

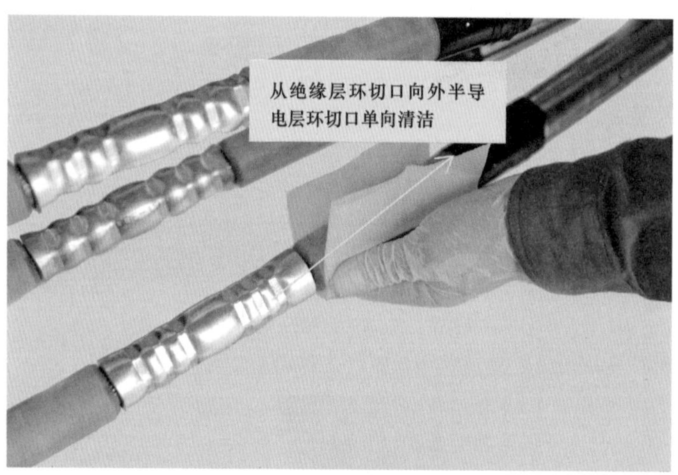

图 7-8 清洁绝缘层表面

7.1.2 冷缩附件安装

（1）在外半导电层上距外半导电层末端 20mm 处做一记号为收缩定位点，做收缩定位点如图 7-9 所示。将接头对准收缩定位点，抽去支撑条使接头收缩，在接头收缩超过中心标志后马上校正接头中心到尺寸校验点 C 的距离。如有偏差立刻推动接头调整位置，中间冷缩管主体安装完成如图 7-10 所示。

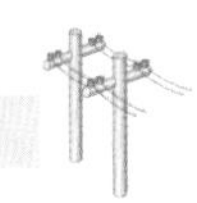

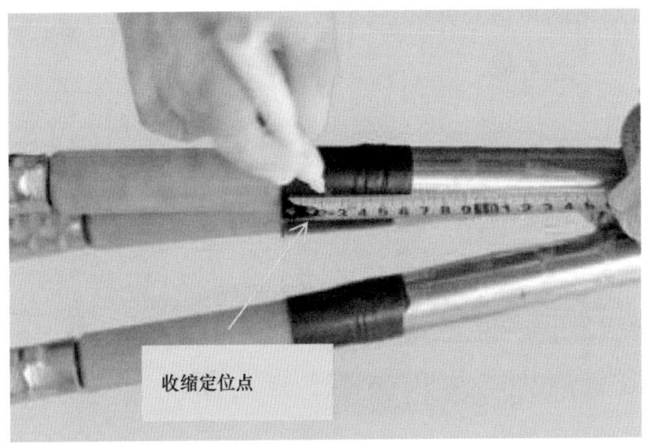

图 7-9 做收缩定位点

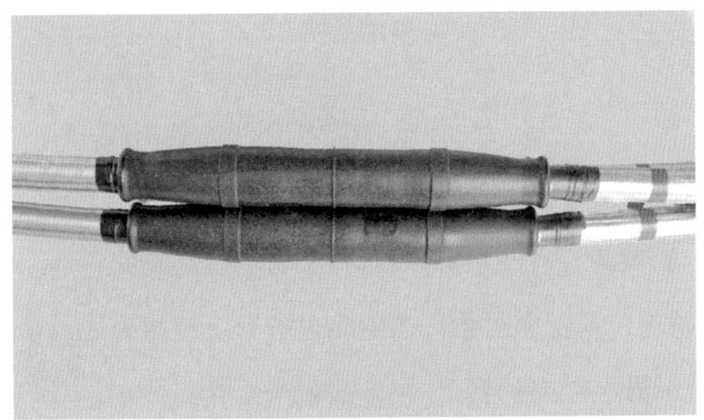

图 7-10 中间冷缩管主体安装完成

（2）抹去多余的硅脂，在中间接头两端的外半导电层用砂纸打毛后绕防水胶带（涂胶黏剂一面朝里）直到搭盖在中间接头橡胶件上。拉开铜网，在装好的接头橡胶件外套上铜网，铜网套在冷缩管主体上如图 7－11 所示。

图 7-11 铜网套在冷缩管主体上

（3）把每相接地铜网用恒力弹簧在铜屏蔽上扎紧，并用恒力弹簧处绕 PVC 胶带，铜网安装完成如图 7－12 所示。

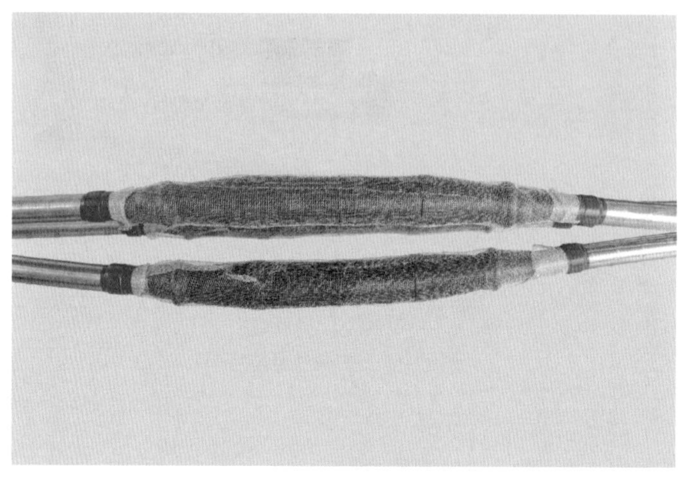

图 7－12 铜网安装完成

7.1.3 电缆恢复

（1）三相并拢整理，恢复内衬物，在电缆内护套上绕填充胶，从内护套一端以半搭包式绕宽 PVC 胶带至另一端内护套。

（2）在 PVC 带外面覆盖住 PVC 带以半搭包式绕防水胶带（涂胶黏剂一面朝里），恢复电缆内护套示意图如图 7－13 所示。

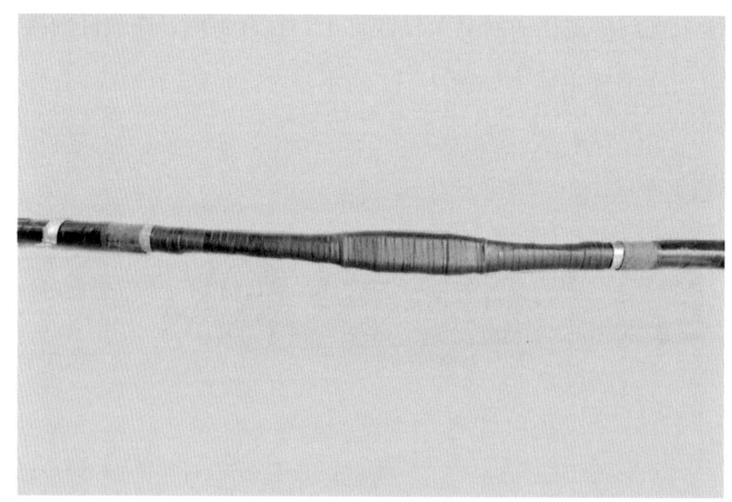

图 7－13 恢复电缆内护套

（3）用接地铜编织线和恒力弹簧连接两端的钢铠，铠装接地线安装完成如图 7－14 所示。在电缆外护套及恒力弹簧上绕密封胶，从外护套一端以半搭包式绕防水胶带至另一端外护套，与两端外护套分别搭接 60mm，恢复外护套如图 7－15 所示。

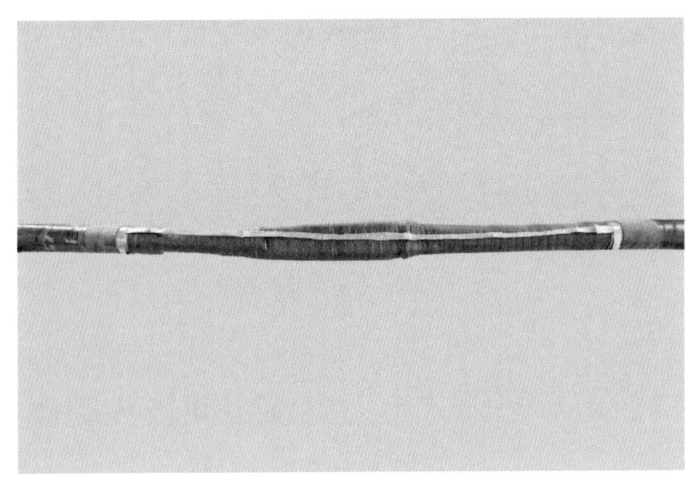

图 7－14　铠装接地线安装完成

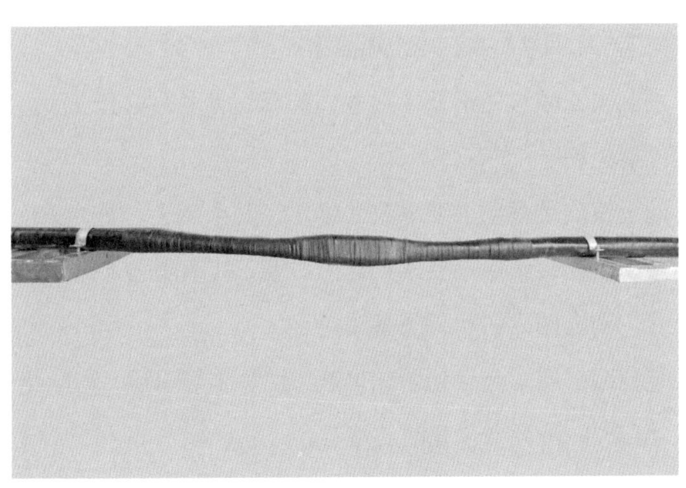

图 7－15　恢复外护套

（4）带上塑料手套，打开铠装带的外包装，倒入清水直至淹没铠装带，轻压 3～5 下，并浸泡 10～15s，倒出清水后，以半搭包式绕铠装带，中间接头安装完毕，铠装带安装完成如图 7－16 所示。放置 20～30min 后再移动电缆。

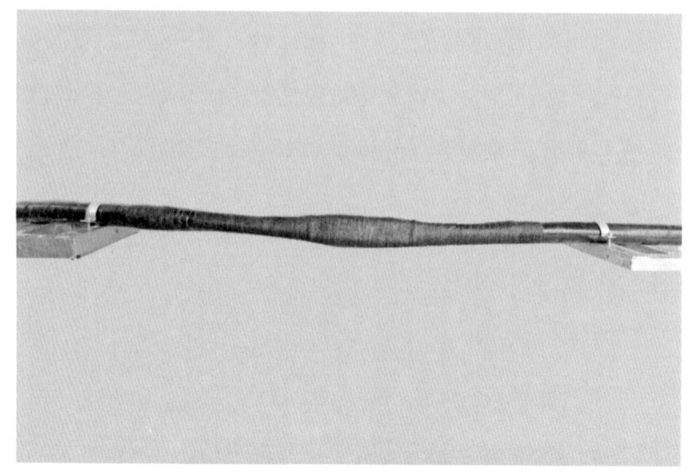

图7-16 铠装带安装完成

7.2 10kV热缩式电力电缆中间接头制作安装

7.2.1 三芯电缆预处理

（1）将两根待接电缆两端校直，电缆端面锯齐。

（2）两端分别剥去安装说明书要求尺寸外护套，清理外护套表面，并将剥切口以下要求尺寸外护套打磨粗糙。

（3）外护套向上留安装说明书要求尺寸钢铠，其余剥去，锉光表面。

（4）外护套向上留安装说明书要求尺寸内护套，其余剥去，把余下的内护套表面打磨粗糙。三相分开，剥去的内衬物保留备用。

（5）根据安装说明书要求尺寸切除铜屏蔽，切除半导电层，切除绝缘层（$E=1/2$连接管长+3mm），用PVC带分别包扎线芯端头。

（6）绝缘端部削成30mm长类似“铅笔头”的锥体，削制的“铅笔头”如图7-17所示，半导电层末端倒角，使半导电层与绝缘层平滑过渡。

（7）用细砂纸打磨绝缘层表面，以除去残留的半导电颗粒和刀痕，打磨线芯，去除尖角、毛刺和氧化物。

（8）用清洗巾清洁绝缘层和外半导电层表面，清洁绝缘层表面如图7-18所示。

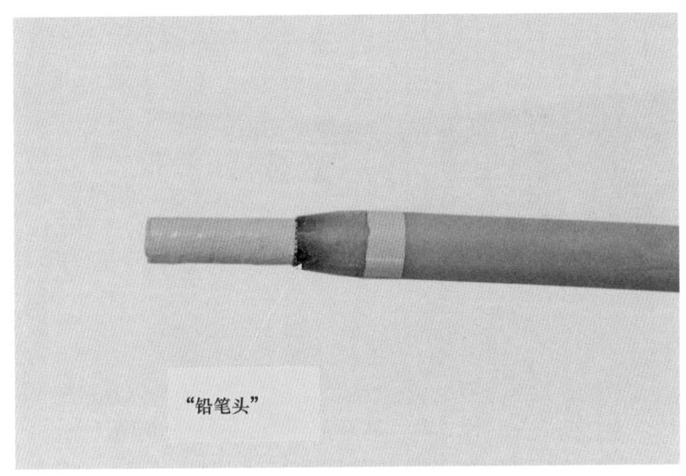

图 7–17　削制的"铅笔头"

图 7–18　清洁绝缘层表面

（9）在绝缘层与外半导电层上均匀地抹上一层硅脂，加热收缩应力管。

（10）在应力管端部绕少量 J–20 绝缘自黏带，使应力管与绝缘之间无明显台阶。

7.2.2　附件安装

（1）套入各种管材。在剥切较长端套入护套管、内外绝缘管和外半导电管；在较短端套入铜网，套入管材和铜网如图 7–19 所示。

（2）将两根电缆线芯根据相色分别插入连接管，用压钳压紧，连接管压接完成如图 7–20 所示。

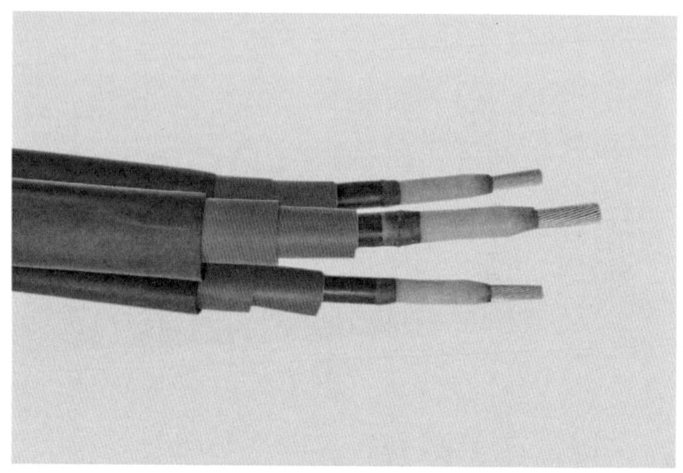

(a) 长端每相分别套入一组内绝缘管、外绝缘管与半导电管

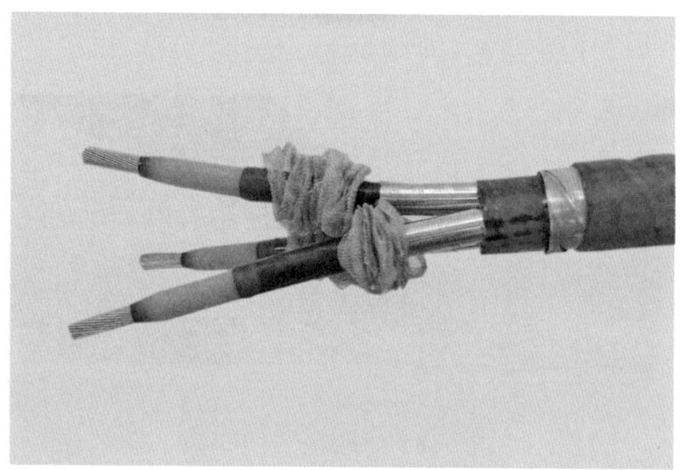

(b) 在电缆短端每相分别套入铜网

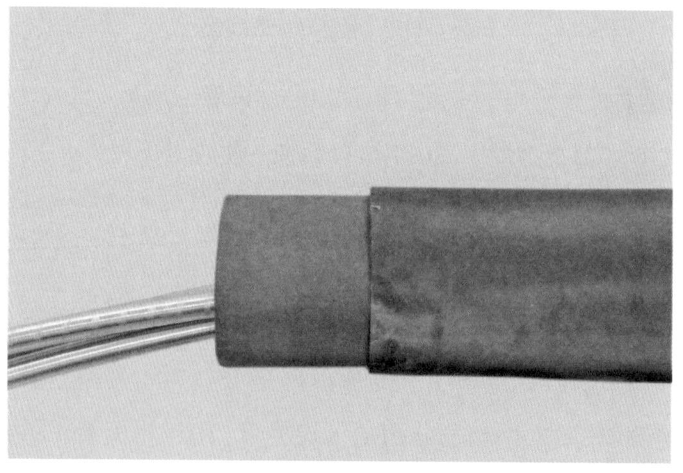

(c) 护套分别套在电缆的两端

图 7-19 根据要求套入管材和铜网

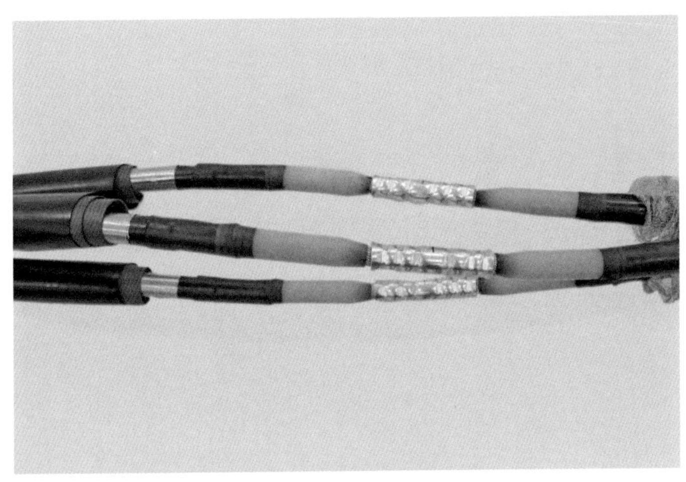

图 7-20　连接管压接完成

（3）锉平连接管上的棱角、毛刺，清除金属尘粒。

（4）连接管上从一端半搭接绕包半导电带至“铅笔头”另一端，“铅笔头”之间绕包半导电带如图 7-21 所示，保证与“铅笔头”搭接，并填平压接凹坑，在半导电带外绕包 J-20 绝缘自黏带，将半导电带全部包覆住，绕包外径比电缆绝缘外径大 2～3mm，并搭接两端绝缘 15mm。

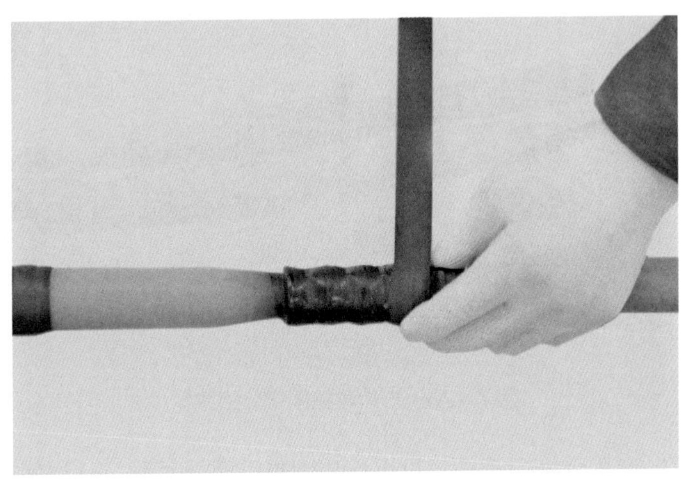

图 7-21 “铅笔头”之间绕包半导电带

（5）内绝缘管置中，保证与两端应力管搭接尺寸相等，加热收缩，加热固定内绝缘管如图 7-22 所示。

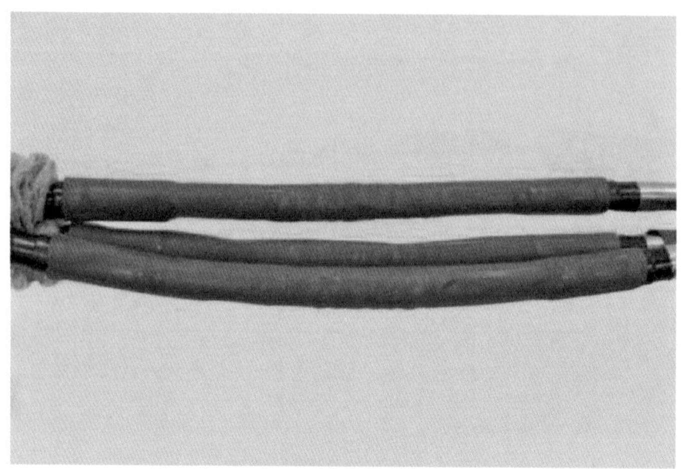

图 7－22 加热收缩固定内绝缘管

（6）清洁内绝缘管表面，把外绝缘管置中，加热收缩，加热收缩固定外绝缘管如图 7－23 所示。两端绕填充胶均匀过渡。

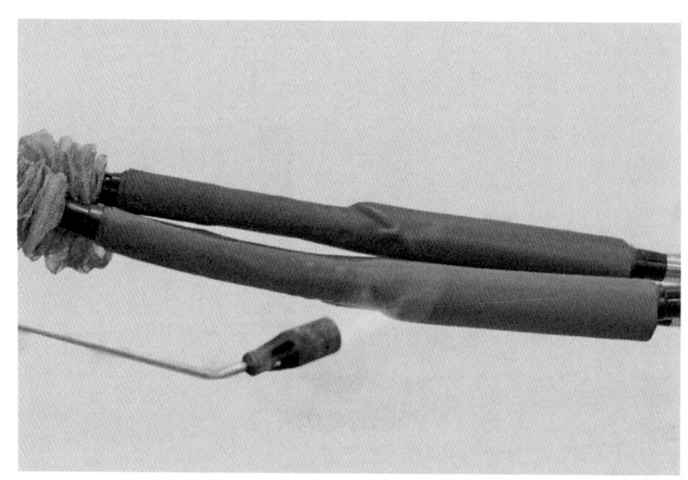

图 7－23 加热收缩固定外绝缘管

（7）外半导电管套至绝缘管外，拉至接头中央，两端对称，从中间向两端收缩（两端与铜带各搭接 30mm 左右），加热收缩固定外半导电管如图 7－24 所示，最后两端用半导电带包至铜屏蔽搭接各 20mm。

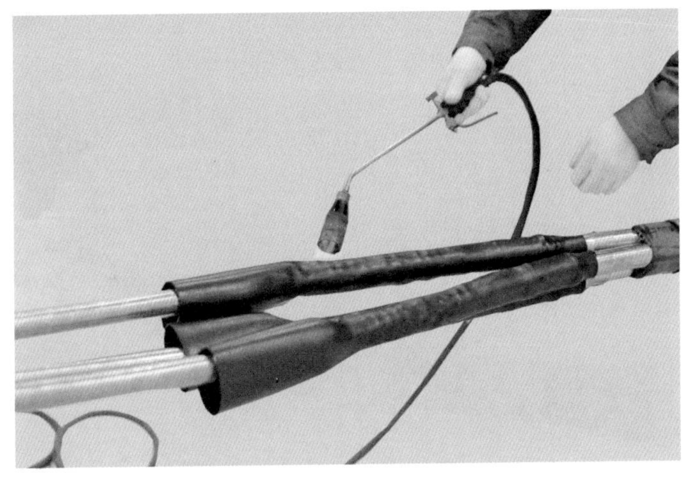

图 7-24　加热收缩固定外半导电管

7.2.3　电缆恢复

（1）拉开铜网，每相各加一根接地铜编织线，地线两端用恒力弹簧与铜网一起在铜屏蔽上固定，恒力弹簧固定铜网和铜编织线如图 7-25 所示。

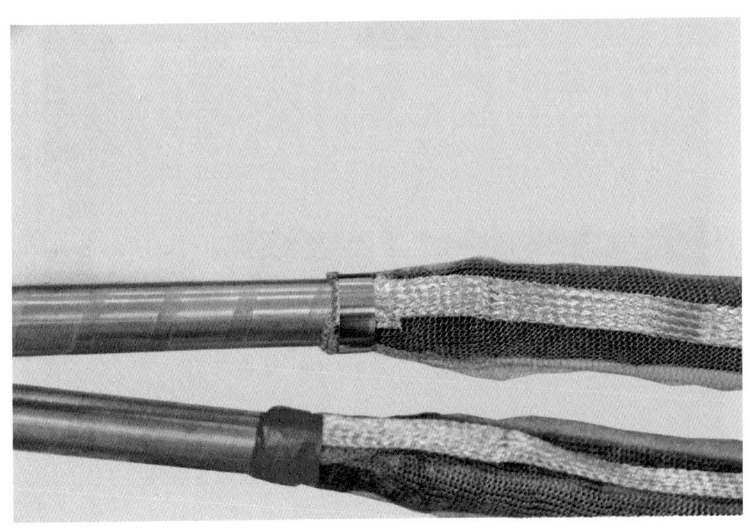

图 7-25　恒力弹簧固定铜网和铜编织线

（2）恢复内衬物，用 PVC 带将三相线芯绑紧。

（3）在两端内护套上绕密封胶，收缩内护套管，加热收缩固定内护套管如图 7-26

所示。两护套管搭接处绕密封胶。

图 7－26 加热收缩固定内护管

（4）用接地铜编织线连接两端的钢铠，用恒力弹簧固定，用恒力弹簧将铜编织线固定在铠装如图 7－27 所示。

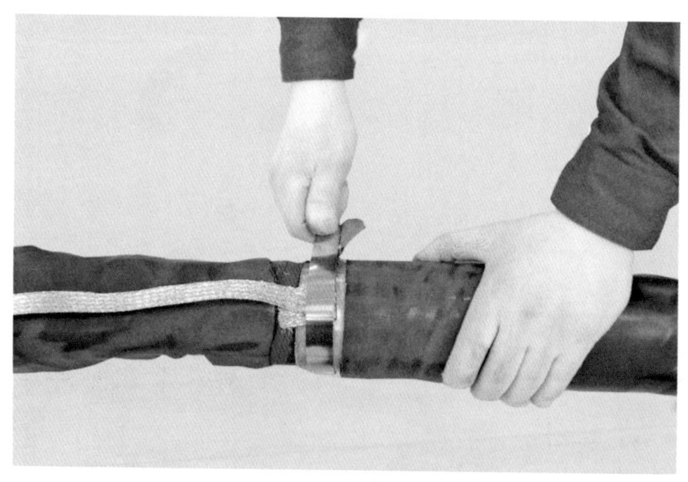

图 7－27 用恒力弹簧将铜编织线固定在铠装

（5）在外护套两端绕密封胶，加热收缩外护套管，两护套管搭接处绕密封胶，加热收缩固定外护套如图 7－28 所示。要求相互搭接 60mm。中间接头制作完毕如图 7-29 所示。

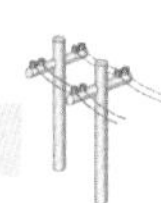

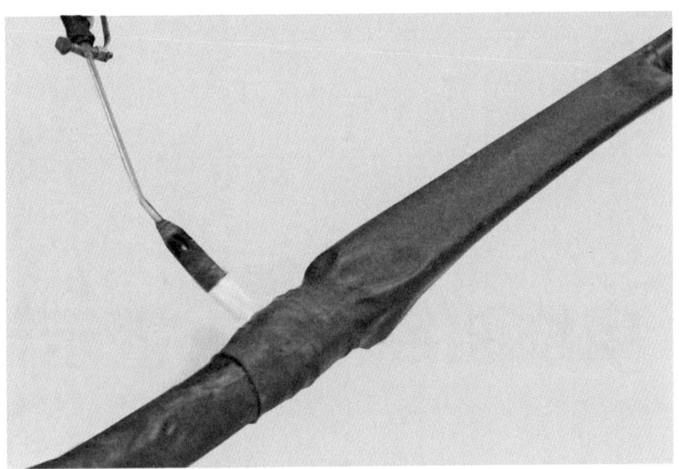

图 7-28 加热收缩固定外套管

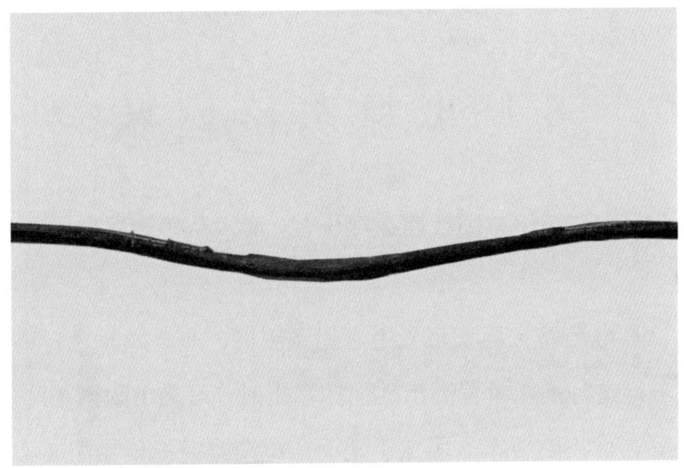

图 7-29 热缩中间接头制作完成

8

电缆路径标识、警示带

本章介绍电缆路径标识、警示带的施工工艺及关键节点。

8.1 电缆路径标识

电缆路径标识，主要用于电缆线路在绿化带、灌木丛等设置电缆路径标识块不明显的地方。

（1）为防止偷盗电缆路径标识可采用水泥预制桩、非金属复合材料桩等多种形式。如果在人行道、车行道等不能设置高出地面的标志时，可采用耐磨损耐腐蚀的树脂反光材料的平面标识贴，标识贴应牢靠固定于地面。电缆路径标识如图 8－1 所示。

(a) 电缆路径标识成品

(b) 电缆路径标识埋设

图 8－1　电缆路径标识（一）

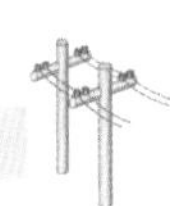

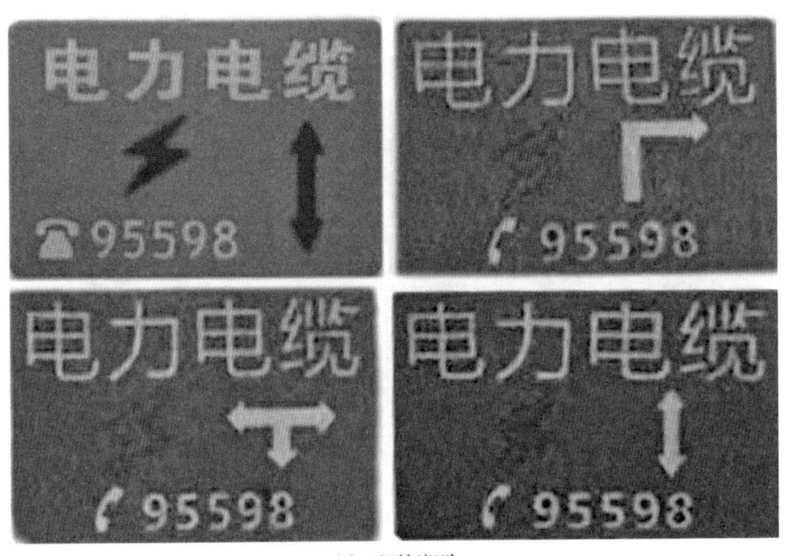

（c）平面标识贴

图 8-1 电缆路径标识（二）

（2）电缆路径标识应具备抗腐蚀、无变形、无褪色、耐老化、适温性能好且标志明显。

（3）电缆路径标识应与地面保持水平，电缆通道直线段电缆路径标识每隔 20m 设置一处。当电缆路径在绿化隔离带、灌木丛等位置时，高出地面 150mm，可每隔 50m 设置一处。

（4）每个转角处应根据电缆的走向埋设电缆路径标识一个。

（5）电缆中间每处接头都应埋设一个电缆中间路径标识。

（6）电缆交叉转弯处每隔 5～10m 埋设电缆路径标识。

（7）电缆进出工井隧道及建筑物时，应在出口两侧埋设电缆路径标识。

8.2 警 示 带

电缆路径警示带主要用于直埋敷设电缆、排管敷设电缆、电缆沟敷设电缆等的覆土层中。警示带应沿全线在电缆通道宽度范围内两侧设置，如电缆线路通道宽度大于 2m 宜增加警示带数量，覆土时，注意保持警示带平整。警示带敷设如图 8-2 所示。

图 8-2 警示带敷设